北大社·"十四五"普通高等教育本科规划教材
高等院校化学与化工类专业"互联网+"创新规划教材

简明物理化学实验教程

主　编　廖文利　郭朝中
副主编　谭宁会　滕柳梅
　　　　王维勋　段亨攀
　　　　胡　荣　刘红盼

U0201515

北京大学出版社
PEKING UNIVERSITY PRESS

内 容 简 介

全书共分三章：绪论介绍物理化学实验的要求和注意事项、物理化学实验中的误差及数据的表达、计算机在数据处理中的应用、实验室的安全知识；实验编入 21 个实验项目，包括 7 个热力学实验、5 个电化学实验，4 个动力学实验，5 个表面胶体化学实验；基本测量技术介绍了温度、气体压力、电化学、光学及热分析测量技术。

本书实验既包含一般性实验，又包含创新型设计性实验，以方便高等学校教师组织教学。 本书可作为高等学校物理化学及其他各专业大学物理化学实验课程的教学用书，也可作为相关技术人员的参考书。

图书在版编目(CIP)数据

简明物理化学实验教程/廖文利，郭朝中主编. —北京：北京大学出版社，2024.1
高等院校化学与化工类专业"互联网+"创新规划教材
ISBN 978 - 7 - 301 - 34317 - 3

Ⅰ.①简…　Ⅱ.①廖…②郭…　Ⅲ.①物理化学—化学实验—高等学校—教材
Ⅳ.①O64 - 33

中国国家版本馆 CIP 数据核字（2023）第 149862 号

书　　　　名	简明物理化学实验教程
	JIANMING WULI HUAXUE SHIYAN JIAOCHENG
著作责任者	廖文利　郭朝中　主编
策 划 编 辑	童君鑫
责 任 编 辑	关　英　童君鑫
数 字 编 辑	蒙俞材
标 准 书 号	ISBN 978 - 7 - 301 - 34317 - 3
出 版 发 行	北京大学出版社
地　　　　址	北京市海淀区成府路 205 号　100871
网　　　　址	http://www. pup. cn　新浪微博：@北京大学出版社
电 子 邮 箱	编辑部 pup6@ pup. cn　总编室 zpup@ pup. cn
电　　　　话	邮购部 010 - 62752015　发行部 010 - 62750672　编辑部 010 - 62750667
印 刷 者	河北文福旺印刷有限公司
经 销 者	新华书店
	787 毫米×1092 毫米　16 开本　11.75 印张　273 千字
	2024 年 1 月第 1 版　2024 年 1 月第 1 次印刷
定　　　　价	39.00 元

前　　言

物理化学实验是化学、化工、材料、环境类专业基础课"物理化学"的配套教学内容。当前，化学类课程体系有一定调整，突出表现在理论课时减少、实验课与理论课分离，重点突出实验课及实验动手能力在人才培养过程中的重要性。一方面，工科专业物理化学实验的课时非常有限，如何在有限的时间和实验项目中使学生更好地掌握物理化学实验的基本内涵，提高实验基本功，并为学生在高年级开设的专业实验课中打下坚实的基础，值得教师深入探索。另一方面，物理化学实验涉及的仪器设备更新迭代较快，任何一本实验教材几乎都不可能涵盖所有的物理化学实验项目。基于以上考虑，我们着手编写《简明物理化学实验教程》一书。

本书具有以下的特点。

（1）本书对物理化学实验的基础理论给予较多的篇幅。编者在多年教学中发现，不少学生不能完全运用物理化学原理、基本特征来分析和解决实验中产生的现象及存在的问题，对实验数据的记录和处理不够科学、规范，缺乏良好的实验操作习惯和安全知识，并对物理化学基本测量技术不清晰。这正是编者在绪论部分所强调的内容。

（2）实验项目选取广泛但突出重点。本书根据物理化学理论课程需要及人才培养要求，对常见物理化学中的细分领域，如热力学、动力学、电化学、表面胶体化学等均选择了部分具有代表性的实验项目。

（3）在每个实验项目中，实验原理的讲解与理论课程紧密相关，使学生在实验过程中对其更加熟悉。

（4）部分实验项目加入了拓展模块，以鼓励学生举一反三，开展实验工作。我们也希望这种编排能培养理工科学生的创新思维，对其未来从事物理化学相关科研工作起到一定的促进作用。

本书是重庆文理学院特色应用型教材资助项目，是物理化学教研室诸位同人长期开展实验教学积累的经验与成果。在本书的编写过程中，材料科学与工程学院李忠彬教授对全书内容进行了审阅并提出了许多宝贵意见，我们还得到了重庆文理学院材料科学与工程学院、化学与环境工程学院的大力支持，以及重庆文理学院化学学科建设经费资助。在此，我们一并对以上个人和单位致以衷心的感谢！

由于编者水平有限，本书难免仍有不妥之处，恳请广大读者批评指正。

编　者
2023 年 6 月

资源索引

目　　录

第一章　绪论 ·········· 1

　第一节　物理化学实验的要求和注意
　　　　　事项 ·········· 1

　第二节　物理化学实验中的误差及数据的
　　　　　表达 ·········· 2

　第三节　计算机在数据处理中的
　　　　　应用 ·········· 8

　第四节　实验室的安全知识 ·········· 12

第二章　实验 ·········· 14

　第一节　热力学 ·········· 14

　实验一　燃烧热的测定 ·········· 14

　实验二　凝固点降低法测定摩尔
　　　　　质量 ·········· 21

　实验三　氨基甲酸铵的分解平衡 ·········· 27

　实验四　液体饱和蒸气压的测定 ·········· 32

　实验五　双液系沸点-组成气液平衡
　　　　　相图的绘制 ·········· 36

　实验六　二组分合金相图 ·········· 41

　实验七　差热分析 ·········· 47

　第二节　电化学 ·········· 51

　实验八　希托夫法测定离子迁移数 ·········· 51

　实验九　电导率的测定及其应用 ·········· 56

　实验十　原电池电动势的测定及其
　　　　　应用 ·········· 61

　实验十一　电动势法测定化学反应的
　　　　　　热力学函数变化值 ·········· 68

　实验十二　循环伏安法研究铁氰化钾的
　　　　　　电极反应过程 ·········· 72

　第三节　动力学 ·········· 76

　实验十三　过氧化氢分解反应速率
　　　　　　常数的测定 ·········· 76

　实验十四　蔗糖水解反应速率常数的
　　　　　　测定 ·········· 80

　实验十五　乙酸乙酯皂化反应速率
　　　　　　常数的测定 ·········· 84

　实验十六　丙酮碘化反应的速率常数及
　　　　　　活化能的测定 ·········· 89

　第四节　表面胶体化学 ·········· 94

　实验十七　最大气泡法测定液体
　　　　　　表面张力 ·········· 94

　实验十八　溶液吸附法测定固体物质
　　　　　　比表面积 ·········· 100

　实验十九　黏度法测定高聚物的相对
　　　　　　分子质量 ·········· 104

　实验二十　电泳法测定 $Fe(OH)_3$
　　　　　　溶胶的电动电势 ·········· 110

　实验二十一　水溶性表面活性剂的临界
　　　　　　　胶束浓度的测定 ·········· 117

第三章　基本测量技术 ·········· 121

　第一节　温度的测量与控制 ·········· 121

　第二节　气体的压力测量与控制 ·········· 129

　第三节　电化学测量技术 ·········· 134

　第四节　光学测量技术 ·········· 143

　第五节　热分析测量技术 ·········· 153

附录 ·········· 161

　附录1　国际单位制的基本单位 ·········· 161

　附录2　国际单位制的导出单位 ·········· 162

　附录3　用于构成十进倍数和分数
　　　　　单位的词头 ·········· 163

　附录4　单位换算表 ·········· 164

　附录5　物理化学基本常数 ·········· 165

　附录6　不同温度下水的饱和蒸气压 ·········· 166

　附录7　一些物质的蒸气压与温度的
　　　　　关系 ·········· 167

　附录8　不同温度下水的折射率、
　　　　　黏度和介电常数 ·········· 168

附录 9　某些液体的折射率（25℃）　… 169

附录 10　不同温度下 KCl 溶液的电导率
　　　　κ（单位：S·cm^{-1}）………… 170

附录 11　水溶液中离子在不同温度下的
　　　　极限摩尔电导率 …………… 171

附录 12　一些强电解质的活度
　　　　系数（25℃）…………… 172

附录 13　不同温度下水的表面张力 …… 173

附录 14　几种溶剂的凝固点降低
　　　　常数 ………………… 174

附录 15　标准电极电势及其温度
　　　　系数 ………………… 175

附录 16　聚乙二醇在不同温度下的
　　　　K、α 值（水为溶剂）……… 177

附录 17　常见物质的介电常数、凝固点及
　　　　凝固点降低 …………… 178

参考文献 ……………………… 179

第一章

绪　论

第一节　物理化学实验的要求和注意事项

物理化学实验是高等院校化学化工相关类专业一门重要的基础实验课程，它借助物理化学实验技术获取物理化学变化过程中的物理化学参数，利用物理方法研究化学系统变化规律。物理化学实验教学也是学习物理化学的一条重要途径，学生通过物理化学实验训练可以了解物理化学的研究方法，掌握物理化学实验技术，学会实验现象的观察和记录、实验条件的判断和选择、实验数据的测量和处理、实验结果的分析和归纳等一套完整的实验方法，受到初步的物理化学实验研究的训练，并且养成良好的实验习惯，强化独立分析和解决问题的能力，培养创新能力和严谨的科学态度与责任。

一、实验准备

物理化学实验涉及的测量技术都是以物理化学原理或理论为依据，多涉及较复杂的测量仪器。为达到课程教学目的，实验前必须充分预习。通过阅读实验内容及有关参考资料，了解实验目的，掌握实验原理、实验方法及仪器的原理和功能，从根本上弄清楚实验应该怎么做，需要测定哪些物理量，这些物理量是怎样和原理结合并完成实验目的的；根据预习内容结合教材和有关参考资料写预习报告。预习报告的内容包括实验项目名称、实验目的、实验原理、仪器与试剂、实验操作步骤、实验注意事项和数据记录等。

按要求完成实验的预习工作，正式实验前经教师检查并提问，达到预习要求后，方可进行实验。

二、实验过程

学生进入实验室后，应先检查测量仪器和试剂是否齐全，仪器的型号是否有改变，试剂的浓度或数量是否有调整，实验内容是否有增减，对不熟悉的仪器及设备应该仔细阅读说明书，做好实验前的准备工作。

实验准备完成，经教师检查后，可以开始实验。按实验操作要求严格控制实验条件，正确操作仪器，未经教师允许不得擅自改变操作方法。实验中仪器出现故障应及时报告，在教师指导下进行处理，仪器损坏也要立即报告，还需进行登记。

实验过程中要仔细观察实验现象，如实详细记录原始数据。实验不应盲目进行，有时可以对已经测出的数据参照理论上的量值关系进行大致估计，这有助于发现实验过程中可能存在的问题，发现问题要积极思考，并尝试解决，如有困难应及时请教师帮助解决。必须完成记录所有实验数据，经教师检查并签字后，方能结束实验。

三、撰写实验报告

实验完成后，每个学生必须独立对测量数据进行正确处理，撰写实验报告。实验报告内容包括实验目的、实验原理、实验仪器与试剂、实验步骤、数据记录及处理、结果分析与讨论等。

实验目的、实验原理及实验步骤要用自己的语言简明扼要地叙述，实验步骤中要注意实验条件。

数据记录及处理时，根据实验原始数据、文献数据，利用理论公式仔细进行计算，注意单位和有效数字等，将所得结果列表、作图。数据处理和实验绘图时，建议使用科学的计算软件和绘图软件，如 Excel、Origin 等。

实验结果的分析与讨论，包括误差来源分析、数据及结果的可靠度分析和对实验方法进行评价等。

实验报告的提交时间为下一次实验时，最后一次报告于实验考核前提交。

四、实验室规则

在实验室应遵循以下规则。

（1）进入实验室必须严格遵守实验室的规章制度，保持实验室的清洁和安静，尊重教师的指导。

（2）进入实验室应按实验室安全着装的要求进行着装，遵守操作规则和安全守则，保证实验安全进行。

（3）实验前应了解安全设备和设施的存放位置及使用方法。

（4）实验过程中应爱护仪器设备，节约实验用品。

（5）实验中用过的固体药品、废液、废纸和损坏的玻璃仪器应分开存放。

（6）实验完毕后，应将用过的玻璃仪器清洗干净，整理好仪器和药品并全部归位，清理干净实验台和地面。教师检查后，方可离开实验室。

第二节　物理化学实验中的误差及数据的表达

一切物理量的测定，由于实验方法、实验仪器，实验条件的控制及实验者观察的局限性等的限制，实验过程中测量值与真值之间必然存在一个差值，也就是测量误差。通过测量误差可以了解实验结果的可靠度，对实验方法的改进和实验技术及仪器的选择有着重要的意义。

一、误差的种类

按性质的不同，误差可以分为三类：系统误差、过失误差、偶然误差。

1. 系统误差

系统误差是由一些比较确定的因素而引起的误差。产生系统误差的原因如下。

（1）仪器误差。如容量仪器刻度不准、仪器未校准或有零点偏差等。

（2）试剂误差。如所用试剂纯度不高，含有被测物或含有干扰杂质等。

（3）实验方法的限制。如反应不能定量完成、副反应干扰、指示剂选择不当、依据的理论不严密或采用了某些近似公式等。

（4）操作者的个人习惯引起的主观误差。如观察数据时视线习惯性偏高或偏低等。

当仪器、试剂、实验方法、操作者和环境确定后，即确定了一个系统，只要系统不变，系统固有的缺陷所导致的系统误差就是确定的。系统误差不能通过增加测定次数消除，只能通过选择更好的实验方法、校正仪器、提纯试剂、提高操作者水平、保持环境稳定等使其降低。当不同的校正方法和不同的仪器所得数据相符时，可认为系统误差基本消除。

2. 过失误差

过失误差是由于操作者主观疏忽或客观条件突变而操作者未能及时加以纠正，导致读数、记录或计算出错。如使用的实验仪器本身有缺陷而操作者又未能发现或操作者操作实验仪器的方法有错误等。这种误差无规律可循，只要正确、细心操作就可以避免。发现有此种误差产生时，所得数据应予以剔除。

3. 偶然误差

偶然误差是由于某些无法控制的因素的随机波动而产生的误差，如环境温度和湿度的变化、仪器性能的微小波动、电压的变化、操作者操作的微小差别、操作者感官分辨能力的限制对仪器最小分度以内的读数难以读准确等。由于这些因素无法控制，因此偶然误差不可避免，其绝对值时大时小，符号时正时负，处于波动变化之中。但对多次重复测量的数据进行分析，会发现偶然误差数据的分布符合一般的统计规律，这种规律用正态分布曲线表示，如图 1.2.1 所示。

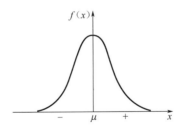

图 1.2.1 偶然误差数据的正态分布曲线

从图 1.2.1 可以看出，在相同条件下对同一物理量进行多次重复测量，偶然误差的大小和正负完全由概率决定，绝对值相同的正负误差出现的概率相同。以相同精度测量某一物理量时，偶然误差的算术平均值随测量次数的无限增加而趋于零。实际测量中，通常对被测物理量进行多次重复测量来减小偶然误差，提高测量结果的精密度。

二、偶然误差的表达

1. 准确度与误差

准确度是指测量值 x_i 与真值 $x_{真}$ 之间的符合程度。误差越小,测量值的准确度越高。用误差的大小来衡量准确度的高低,以如下方法表示。

(1) 绝对误差 E_a。

$$E_a = x_i - x_{真} \tag{1.2.1}$$

如果进行了数次平行测定,则全部测定结果的算术平均值为

$$\overline{x} = \frac{\sum\limits_{i=1}^{n} x_i}{n} \tag{1.2.2}$$

此时

$$E_a = \overline{x} - x_{真} \tag{1.2.3}$$

(2) 相对误差 E_r。

$$E_r = \frac{E_a}{x_{真}} \times 100\% \tag{1.2.4}$$

2. 精密度与偏差

精密度是指测量结果的可复性程度,也就是 n 次平行测量结果相互接近的程度。偏差越小,可复性越好,测量结果的精密度就越高。精密度的高低通常用偏差来衡量,以如下方法表示。

(1) 绝对偏差 d_i。

绝对偏差即各单次测量值 x_i 与算术平均值 $\overline{x}$ 之差,可表示为

$$d_i = x_i - \overline{x} \quad (i = 1, 2, \cdots, n) \tag{1.2.5}$$

(2) 平均偏差 $\overline{d}$。

$$\overline{d} = \frac{\sum\limits_{i=1}^{n} |d_i|}{n} \tag{1.2.6}$$

(3) 标准偏差 s。

$$s = \sqrt{\frac{\sum\limits_{i=1}^{n} d_i^2}{n-1}} \tag{1.2.7}$$

(4) 相对标准偏差 $s_{相对}$。

$$s_{相对} = \frac{s}{\overline{x}} \times 100\% \tag{1.2.8}$$

在物理化学实验中,平均偏差或标准偏差通常用来表示测量结果的精密度。平均偏差的特点是计算方便,但不能确定 x_i 与 $\overline{x}$ 之间的关系是偏高还是偏低,可能会掩盖一些质量不高的测量数据。标准偏差是平方和的开方,能更明显地反映误差,在科学实验中更多地被用来表示精密度。测量结果的分散程度常用 $(\overline{x} \pm s)$ 表示。

3. 间接测量中的误差传递

测量分为直接测量和间接测量两种。有些结果是可以用仪器直接测量获得的，如用压力计测量系统的压强，用温度计测量系统的温度等。对于比较复杂、不易直接测量的值，可以通过把一些直接测量值代入相关的理论关系式中进行计算求得。于是，直接测量产生的误差必然会传递到间接测量中，这样就会产生间接测量误差。

误差传递分析的目的在于通过间接测量误差的计算，分析直接测量误差对最后结果产生的影响，并了解直接测量误差的最大来源，这样可以根据事先预定的直接测量允许的最大误差值，来选择合适的实验方法和适当的精密测量工具。误差传递的公式在此不做详细介绍，可根据需要参考相关资料。

三、有效数字

实际测量中，通过直接读取的准确数字称为可靠数字，通过估读得到的那部分数字称为存疑数字；如果数据不带有明确的不确定性说明，对一个测量值进行记录和运算时，数据的不确定性可以用所取数值的位数来表达，能够表达测量值的准确度的数字称为有效数字。例如，数值 1234、0.1234 和 0.0001234 都具有相同的四位有效数字。其中，数值 1234000 就很难认定后面的三个 "0" 是有效数字，为消除歧义，可以采用指数表示法处理，如 1.234×10^6 有四位有效数字，1.2340×10^6 就有五位有效数字。在数据记录和运算时，有效数字过少会导致信息缺失，而随意增加有效数字会导致对数据准确度的误判。因此，数据的正确记录和运算中有效数字的处理要遵循一定的规则。

1. 有效数字的表示

误差（绝对误差和相对误差）一般只有一位有效数字，最多不超过两位。

任何一个物理量的数据，其有效数字的最后一位，在位数上应与误差的最后一位取齐，如 1.23 ± 0.01 是正确的，但记录成 1.234 ± 0.01 就夸大了结果的准确度。

为了明确表示有效数字，一般采用科学记数法来记录实验数据。如对下列四个数值记录：0.123，0.0123，123，1230 的正确记录应为 1.23×10^{-1}，1.23×10^{-2}，1.23×10^2，1.23×10^3，可以看出它们都有三位有效数字。

2. 有效数字的运算规则

(1) 在修约数值时，采用 "四舍六入五留双" 的规则。当被修约的数字等于或小于 4 时，该数字舍去，如 0.24574 取四位有效数字为 0.2457；当被修约的数字等于或大于 6 时，则进位，如 0.24576 取四位有效数字为 0.2458；当被修约的数字等于 5 时，其前一位若是奇数则进位，若是偶数则舍去，如 0.24575 和 0.24585 取四位有效数字分别为 0.2458 和 0.2458。

(2) 在加减法运算中，各数值保留小数点后的数字位数与小数点后的数字位数最少的相同。如

$$13.67 + 0.0331 + 1.653 = 13.67 + 0.03 + 1.65 = 15.35$$

(3) 在乘除法运算中，各数值保留的有效数字与其中有效数字最少者相同，如算式

$$1.578 \times 0.0182 \div 81$$

其中，数值 81 的有效数字最少，但由于首位是 8，因此可以看成三位有效数字，其余

各数值都保留三位有效数字，这时上式变为

$$1.58 \times 0.0182 \div 81$$

最后，运算结果也保留三位有效数字，即 3.55×10^{-4}。

（4）在乘方或开方运算中，运算结果可多保留一位有效数字。

（5）在对数运算中，对数数值的整数部分不是有效数字，各数值的有效数字的位数应与小数部分数字的位数相同。如

$$[H^+] = 7.6 \times 10^{-4}，则 pH = 3.12$$

$$K = 3.4 \times 10^8，则 \lg K = 8.53$$

$pH = 3.12$、$\lg K = 8.53$ 的有效数字对应分别是小数点后的 12、53，有效数字位数都是两位。

在复杂的运算中，未达到最后结果之前的中间各步，其数值可保留有效数字比规则多一位，以免造成误差的积累，但最后结果仍保留应有的有效数字的位数。

四、物理化学实验数据的表达

将记录下的测量数据进行整理、归纳和处理，并最终正确地表达实验所获得的规律，这是实验的基本要求。物理化学实验数据的表示方法主要有三种：列表法、作图法和数学方程式法。

1. 列表法

将实验直接测得的数据和经过计算整理后的数据列成表格，并排列整齐，这样可以较为容易地表明实验结果的规律性。因此，列表法是数据处理中最简单的、使用最普遍的方法。采用列表法应注意以下几点。

（1）表格要有表序、表名，表序和表名之间空一格，位于表格上方正中位置。

（2）每行（或列）的开头一栏都要列出物理量的名称和单位，并把名称和单位以相除的形式表示，如时间以秒为单位，记为 t/s。

（3）数字最好依次递增或递减，每行（或列）的数字要排列整齐，位数和小数点要对齐，有效数字的位数要合理。

（4）表格中表达的数据顺序应从左至右排列，由自变量到因变量，原始数据和处理结果可以列在同一表中，但应以一组数据为例，在表格下面列出公式，写出计算过程。

2. 作图法

用图形来表示实验数据，能直观地表示出各测量数据的相关关系，如极大值、极小值、转折点、周期性和数量的变化速率等重要特点，并可进一步用图解法求积分、微分、外推值和内插值，如利用图解法外推就可以求得实验难以获得的数值，更常用的是通过求出直线的斜率和截距，从而进一步求得函数的数学方程式。采用作图法应注意以下几点。

（1）每个图应有图序和简洁而完整的图名，图序和图名应位于图下方正中位置。

（2）直角坐标系中，一般以横轴代表自变量，纵轴代表因变量，并在横轴和纵轴注明变量的名称及单位。

（3）选择合适的坐标比例尺，比例尺选择不当会使曲线的一些重要特点（如极值点、转折点）显示不清楚，也可能和实际测量的准确度不相符，通常要以表达出全部的有效数字为准。如果作直线，选择的比例尺尽可能使直线接近 $45°$ 倾斜。

（4）图中不同类型的数据点应分别用不同的符号表示，如△、·、◇、○、■、□和▲等；图中有两条或两条以上的曲线时，应采用不同的曲线表示，如用实线和虚线等加以区分。

（5）作直线或曲线时，应使直线或曲线尽可能多地通过数据点。即使有一部分点不在直线或曲线上，也应该尽量使其对称地分布于直线或曲线的两侧。

（6）作曲线的切线是图解微分的关键，有镜像法和平行线法两种方法。用镜像法作曲线上某一点的切线时，在曲线上找到该点，取一平面镜垂直放在图纸上，使得镜子边缘与曲线相交于该点。以此点为轴旋转平面镜，直至图上曲线与曲线在镜中的成像连为一条平滑的曲线时，镜面边缘直线即为该点法线，再作该法线的垂线，即为该点的切线。可将一直尺垂直于平面镜更容易作出垂线，如图 1.2.2 所示。

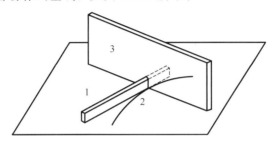

1—直尺；2—曲线；3—平面镜。
图 1.2.2 镜像法作切线

采用平行线法作曲线的切线时，在曲线上作两条平行线 AB 和 CD，作 AB 和 CD 中点的连线与曲线交于 O 点，过 O 点作 AB 及 CD 的平行线 EOF，即为 O 点的切线，如图 1.2.3 所示。

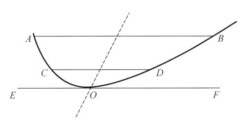

图 1.2.3 平行线法作切线

3. 数学方程式法

数学方程式法是将实验测量的数据之间的依赖关系用具体的数学方程式表达出来，表达不仅简单明了，而且便于求微分和积分，也可进行内插、外推或者其他的数学分析。最小二乘法是处理数据最常用的数学方法，它的基本原理是通过最小化误差的平方和寻找数据的最佳函数匹配。这种方法处理较烦琐，但结果最为精确。

设误差的平方和为 S，有

$$S = \sum_{i=1}^{n}(mx_i + b - y_i)^2$$

（1.2.9）

$$= m^2\sum_{i=1}^{n}x_i^2 + 2bm\sum_{i=1}^{n}x_i - 2m\sum_{i=1}^{n}x_iy_i + b^2 - 2b\sum_{i=1}^{n}y_i + \sum_{i=1}^{n}y_i^2$$

使 S 为极小值的必要条件是

$$\begin{cases} \dfrac{\partial S}{\partial m} = 2m\sum_{i=1}^{n} x_i^2 + 2b\sum_{i=1}^{n} x_i - 2\sum_{i=1}^{n} x_i y_i = 0 \\ \dfrac{\partial S}{\partial b} = 2m\sum_{i=1}^{n} x_i + 2b - 2\sum_{i=1}^{n} y_i = 0 \end{cases} \tag{1.2.10}$$

联立求解得到 m 和 b 为

$$\begin{cases} m = \dfrac{n\displaystyle\sum_{i=1}^{n} x_i y_i - \sum_{i=1}^{n} x_i \sum_{i=1}^{n} y_i}{n\displaystyle\sum_{i=1}^{n} x_i^2 - \left(\sum_{i=1}^{n} x_i\right)^2} \\ b = \dfrac{\displaystyle\sum_{i=1}^{n} x_i^2 \sum_{i=1}^{n} y_i - \sum_{i=1}^{n} x_i \sum_{i=1}^{n} x_i y_i}{n\displaystyle\sum_{i=1}^{n} x_i^2 - \left(\sum_{i=1}^{n} x_i\right)^2} \end{cases} \tag{1.2.11}$$

为了判断拟合结果的好坏，需要知道拟合的相关系数 R 和标准偏差 s。它们的计算公式为

$$R = \frac{n\displaystyle\sum_{i=1}^{n} x_i y_i - \sum_{i=1}^{n} x_i \sum_{i=1}^{n} y_i}{\sqrt{n\displaystyle\sum_{i=1}^{n} x_i^2 - \left(\sum_{i=1}^{n} x_i\right)^2}\sqrt{n\displaystyle\sum_{i=1}^{n} y_i^2 - \left(\sum_{i=1}^{n} y_i\right)^2}} \tag{1.2.12}$$

$$s = \sqrt{\frac{\displaystyle\sum_{i=1}^{n} (mx_i + b - y_i)^2}{n-2}} \tag{1.2.13}$$

相关系数 R 越接近 1，说明 y 与 x 之间越接近直线关系。标准偏差 s 越小，说明拟合的结果越准确。上述方法虽然看起来烦琐，但如果利用计算机则非常容易实现。

第三节　计算机在数据处理中的应用

一、用 Excel 处理数据

在液体饱和蒸气压测定实验中，直接测定几个温度及其对应的饱和蒸气压。数据处理时，要计算 $1/T$、$\ln p$，作 $\ln p - 1/T$ 图，拟合直线求斜率及平均摩尔汽化焓。用 Excel 处理数据步骤如下。

（1）打开 Excel，将大气压、测定温度及其对应的饱和蒸气压等数据填入表格，并通过插入公式来计算 $1/T$ 和 $\ln p$，如图 1.3.1 所示。

（2）在 G13 单元格中，通过单击菜单"公式"—"其他函数"—"统计"—"SLOPE"，输入计算斜率的公式，得到经过指定数据点的拟合直线的斜率。在 G15 单元格中，通过单击菜单"公式"—"其他函数"—"统计"—"CORREL"，输入计算相关系数的公式，得到指定数据的相关系数，如图 1.3.2 所示。

G2　｜　f_x　=LN(E2)

A	B	C	D	E	F	G
大气压/kPa	温度/℃	温度/K	饱和蒸气压/kPa	饱和蒸气压/Pa	[1/(T/K)]*1000	ln(p/Pa)
101.325	79.40	352.55	100.73	100730	2.84	11.52
	77.30	350.45	95.27	95270	2.85	11.46
	75.30	348.45	89.40	89400	2.87	11.40
	74.25	347.40	85.54	85540	2.88	11.36
	72.25	345.40	80.34	80340	2.89	11.29
	70.30	343.45	75.01	75010	2.91	11.23
	68.20	341.35	68.21	68210	2.93	11.13
	65.80	338.95	64.88	64880	2.95	11.08
	63.40	336.55	59.68	59680	2.97	11.00
	61.00	334.15	54.35	54350	2.99	10.90

图 1.3.1　在表格中插入公式计算 $1/T$ 和 $\ln p$

f_x　=SLOPE(G2:G11,F2:F11)

B	C	D	E	F	G
温度/℃	温度/K	饱和蒸气压/kPa	饱和蒸气压/Pa	[1/(T/K)]*1000	ln(p/Pa)
79.40	352.55	100.73	100730	2.84	11.52
77.30	350.45	95.27	95270	2.85	11.46
75.30	348.45	89.40	89400	2.87	11.40
74.25	347.40	85.54	85540	2.88	11.36
72.25	345.40	80.34	80340	2.89	11.29
70.30	343.45	75.01	75010	2.91	11.23
68.20	341.35	68.21	68210	2.93	11.13
65.80	338.95	64.88	64880	2.95	11.08
63.40	336.55	59.68	59680	2.97	11.00
61.00	334.15	54.35	54350	2.99	10.90
			ln(p/Pa)–[1/(T/K)]*1000直线斜率		-3.87
			相关系数		-0.9999

图 1.3.2　计算斜率和相关系数

（3）选定某个单元格，输入计算平均摩尔汽化焓的公式，得到平均摩尔汽化焓。可以通过单击菜单"开始"—"单元格"—"格式"，设定数据的格式，也可以将数据复制粘贴到 Word 文档中，编辑成规范的表格，见表 1.3.1。

表 1.3.1　测定饱和蒸气压的实验数据

温度/℃	温度/K	蒸气压/kPa	蒸气压/Pa	[1/(T/K)] * 1000	ln (p/Pa)
79.40	352.55	100.73	100730	2.84	11.52
77.30	350.45	95.27	95270	2.85	11.46
75.30	348.45	89.40	89400	2.87	11.40
74.25	347.40	85.54	85540	2.88	11.36
72.25	345.40	80.34	80340	2.89	11.29

续表

温度/℃	温度/K	蒸气压/kPa	蒸气压/Pa	$[1/(T/K)] * 1000$	$\ln(p/Pa)$
70.30	343.45	75.01	75010	2.91	11.23
68.20	341.35	68.21	68210	2.93	11.13
65.80	338.95	64.88	64880	2.95	11.08
63.40	336.55	59.68	59680	2.97	11.00
61.00	334.15	54.35	54350	2.99	10.90

二、用 Excel 作图

以上述数据为例，用 Excel 作 $\ln p - 1/T$ 图，操作步骤如下。

选中相应数据，通过单击菜单"插入"—"散点图"即可得到 $\ln p - 1/T$ 图。选中图表，通过单击菜单"图表设计"—"图表布局"，选择合适的布局并设置坐标轴标题及图表标题。右击选择图中数据点，弹出快捷菜单，选择"添加趋势线"选项，设置趋势线格式为显示公式和显示 R 平方值，得到拟合直线方程及相关系数，如图 1.3.3 所示。

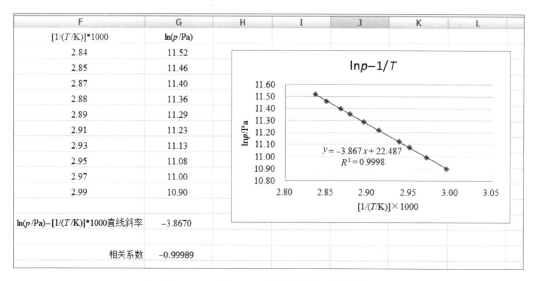

图 1.3.3　用 Excel 作图及拟合直线方程

三、用 Origin 作图

Origin 是一个比较专业的作图软件，作出的图形比较规范。以测定饱和蒸气压实验为例，作 $\ln p - 1/T$ 图，操作步骤如下。

（1）打开 Origin，输入处理数据或者将 Excel 文件粘贴在 Book1 中。

（2）选择"绘图"命令，选择所要绘制的图形类型（下面以点线图为例）。

（3）选择 x、y。本例以 $[1/(T/K)] * 1000$ 为 x，$\ln(p/Pa)$ 为 y，单击"确定"按钮，绘制点线图。

（4）选择"分析"—"拟合"—"线性拟合"命令，输入数据，得到斜率、截距、相关系数等参数，如图 1.3.4 所示。

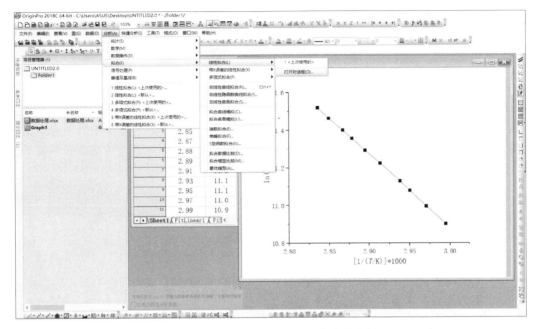

图 1.3.4　用 Origin 作图及拟合直线方程

（5）设置坐标轴、刻度、图例、必要文字及对相关图形元素等的参数，如图 1.3.5 所示。

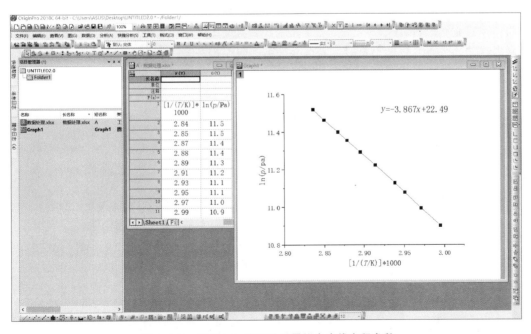

图 1.3.5　用 Origin 作图及设置拟合直线方程参数

第四节　实验室的安全知识

一、实验室安全用电

物理化学实验过程中需要使用很多电器，所以要特别注意安全用电。50 Hz 交流电通过人体时，若电流强度达到 25 mA 以上，人会呼吸困难甚至停止呼吸；若电流强度达到 100 mA 以上，心脏的心室会发生纤维性颤动，会致人死亡。直流电对人体的伤害与交流电类似。违规用电除造成人身伤亡外，还常常造成火灾、电器损坏等严重事故。因此，使用电器时一定要遵守实验室安全规则。

1. 防止触电

（1）保持电器干燥，不要用潮湿的手接触电器。

（2）电源裸露部分应有绝缘装置（如电线接头处应裹有绝缘胶布）。

（3）所有电器的金属外壳必须保护接地。

（4）实验时，应先连接好电路后再接通电源；实验结束时，应先切断电源再拆电路。

（5）维修或安装电器时，应先切断电源。

（6）如遇有人触电，应迅速切断电源（进实验室时首先观察电源总闸的位置），然后进行抢救。

2. 防止引起火灾和短路

（1）使用的熔丝必须符合电器的额定要求，防止电器超负荷运转。

（2）使用电线必须满足电器的功率要求，禁止高温热源接近电线。

（3）实验室内若有氢气等易燃易爆气体，必须避免产生电火花。继电器工作时、电器接触点（如插头等）接触不良时，以及开关电闸时，都容易产生电火花，要特别小心。

（4）如遇电线着火或电器着火，应立即切断电源，用砂土、二氧化碳灭火器或四氯化碳灭火器灭火，禁止用水或泡沫灭火器等导电液体灭火。

（5）确保电线、电器等不被水淋湿或浸泡在导电液体中。

3. 电器的安全使用

（1）使用电器前，要了解电器电源为交流电还是直流电；必须弄清电器功率是否符合要求，以及直流电器的正、负极。

（2）电器量程应大于待测量大小。如果待测量大小不明，应从最大量程开始测量。

（3）实验前，应检查线路连接是否正确，经教师同意后，方可接通电源。

（4）在电器的使用过程中，如发现有不正常的声响、局部温度升高或嗅到绝缘漆过热产生的焦味，应立即切断电源，并报告教师进行检查。

二、实验室化学试剂的安全防护

1. 防毒

（1）实验前，应了解所用药品的毒性及防护措施。

（2）操作有毒气体（如氯气、硫化氢、氯化氢、氟化氢或二氧化氮等）、苯及其衍生物或易挥发性有机溶剂等时，应在通风橱内或在配有通风设施的实验台上进行，并且应避免与皮肤接触。

（3）实验室所用水银温度计含剧毒金属汞，应尽量避免将其摔碎。如不慎摔碎，汞洒落，应及时用吸管尽量回收汞液，再用硫黄粉覆盖并搅拌使之形成硫化汞。在汞面上加水或用其他液体覆盖不能降低汞的蒸气压。

（4）氰化物、高汞盐［如 $HgCl_2$、$Hg(NO_3)_2$ 等］、可溶性钡盐（如 $BaCl_2$）、重金属盐（如镉盐、铅盐）、三氧化二砷等剧毒物应妥善保管，小心使用。

（5）禁止在实验室内喝水或吃东西，饮食用具不要带进实验室，以防毒物污染。离开实验室前及吃饭前要洗净双手。

2. 防爆

（1）可燃气体与空气混合，当两者比例达到爆炸极限时，受到热源（如电火花）的诱发，就会引起爆炸。

（2）有些化学药品（如乙炔银、高氯酸盐、过氧化物等）受振、受热都易引起爆炸，使用时要特别小心。

（3）严禁将强氧化剂和强还原剂放在一起。

（4）久藏的乙醚使用前应除去其中可能产生的过氧化物。

（5）进行容易引起爆炸的实验时，应有防爆措施。

3. 防火

（1）乙醚、丙酮、乙醇、苯等有机溶剂非常容易燃烧，大量使用时室内不能有明火、电火花或静电放电。实验室内不可过多存放，用后要及时回收处理，不可倒入下水道，以免积累引起火灾。

（2）白磷、金属钠、钾、电石及金属氢化物等，在空气中易氧化自燃。铁、锌、铝等金属粉末，比表面积大时也易在空气中氧化自燃。这些物质要隔绝空气保存，使用时要特别小心。

（3）如果实验室着火，不要惊慌，应根据情况选择不同的灭火剂进行灭火。如出现下列几种情况，处理方法如下。

① 钠、钾、镁、铝粉、电石、过氧化钠着火时，应用干砂灭火。

② 比水轻的易燃液体（如汽油、苯、丙酮等）着火时，应用泡沫灭火器灭火。

③ 有灼烧的金属或熔融物的地方着火时，应用干砂或干粉灭火器灭火。

④ 电器或带电系统着火时，应先切断电源，再用二氧化碳灭火器或四氯化碳灭火器灭火。

4. 防灼（冻）伤

强酸、强碱、强氧化剂、溴、磷、钠、苯酚、冰醋酸（无水乙酸）等都会腐蚀皮肤，应特别注意，防止溅入眼内。液氧、液氮等低温下会严重冻伤皮肤，使用时要小心。万一灼（冻）伤，应及时治疗。

第二章

实　验

第一节　热　力　学

实验一　燃烧热的测定

燃烧热的
测定（一）

燃烧热的
测定（二）

一、实验目的

1. 明确燃烧热的定义，了解恒压燃烧热与恒容燃烧热的区别。
2. 掌握量热技术的基本原理，掌握氧弹式量热计的正确操作。
3. 学会雷诺图解法校正温度改变值。

二、预习要求

1. 了解氧弹式量热计的原理和使用方法，以及氧气钢瓶和减压阀的使用方法。
2. 了解 SHR‑15B 燃烧热实验装置的使用方法。
3. 理解对所测温差进行雷诺温度校正的意义，并了解校正方法。

三、实验原理

（1）燃烧热是指 1mol 物质完全燃烧时的热效应。由热力学第一定律可知：在不做非体积功的情况下，恒容燃烧热 Q_V 等于该过程的热力学能变 ΔU，恒压燃烧热 Q_p 等于该过程的焓变 ΔH，有

$$\Delta H = \Delta U + \Delta(pV) \tag{2.1.1}$$

式中，$\Delta(pV)$ 是生成物和反应物的 pV 值之差。

由于实验中气相体积和凝聚相体积相差巨大，一般体积项仅需考虑气态物质。若把参加反应的气态物质作为理想气体处理，则 Q_p 和 Q_V 之间的关系式为

$$Q_p = Q_V + \Delta n \cdot RT \tag{2.1.2}$$

式中，Δn 为气态生成物与气态反应物的物质的量之差；R 为摩尔气体常数；T 为反应的热力学温度。

（2）本实验量热计的量热原理是能量守恒定律。实验采用的氧弹式量热计为恒容量热计，在盛有一定量水的容器中，放入装有一定量待测样品和氧气的密闭氧弹，使待测样品

在氧弹中完全燃烧，燃烧时放出的热量使系统的温度升高；通过测定系统在燃烧前后温度的变化值，就可计算出该样品的恒容燃烧热 Q_V。其关系式为

$$-Q_V - m_{点火丝}Q_{点火丝} = C_{系统}\Delta T \qquad (2.1.3)$$

式中，Q_V 为样品的恒容燃烧热；$m_{点火丝}$ 为点火丝的质量；$Q_{点火丝}$ 为点火丝的燃烧热；$C_{系统}$ 为量热计系统的热容，可以在相同条件下通过已知燃烧热的标准物质（如本实验用苯甲酸）来标定；ΔT 为样品燃烧前后水温的变化值。

氧弹式量热计不可能完全绝热，热漏无法避免，加之传热速度的限制，燃烧后达到最高温度需一定时间，在这段时间内系统与环境难免会发生热交换，所以从温度计读取的温度差不是真实的温度差 ΔT。燃烧前后温度的变化不能直接用测得的燃烧前后的温度差来计算，必须经过合理的雷诺温度校正才能得到准确的温度差变化值。

（3）雷诺温度校正。其具体校正方法是按操作步骤进行测定，将燃烧前后观察所得的系统温度与时间作图，得到曲线 $abcd$，如图 2.1.1（a）所示。图中 b 点相当于开始燃烧的温度读数点，c 点为观察到的最高温度读数点。由于量热计和环境之间的热交换，曲线 ab 及 cd 常发生倾斜，ab 为反应前系统与环境热交换引起的温度变化规律，bc 为燃烧过程的温度变化规律，cd 为反应后的温度变化规律。设 b 点对应的温度为 T_1，c 点对应的温度为 T_2，其平均温度 $(T_1 + T_2)/2$ 为 T_m，经过 T_m 点作横坐标的平行线，与曲线 bc 交于 M 点，过 M 点作横坐标的垂线 AB，与曲线 ab 和曲线 dc 的延长线分别交于 E 点、F 点，E 点和 F 点对应的温度的差值即为要求的温度升高值 ΔT。图中 EE' 表示开始燃烧到温度升至环境温度这段时间内，由环境辐射进来的热量和搅拌引进的能量而造成温度的升高，故需要剔除。FF' 表示温度由环境温度升至最高温度 T_2 这段时间内，量热计向环境辐射出去的能量而造成温度的降低，故需要添加。E、F 两点的温度差较客观地表示了由于样品燃烧使量热计温度升高的值。

有时量热计绝热情况良好，热漏小，但由于搅拌又不断引进少量能量使反应后最高点不出现，如图 2.1.1（b）所示。这种情况下，ΔT 仍然可以按相同方法校正。

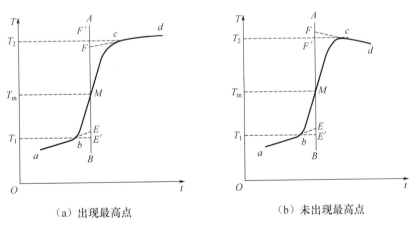

（a）出现最高点　　　　　　　　（b）未出现最高点

图 2.1.1　雷诺温度校正曲线

四、仪器、试剂与装置

仪器：SHR-15B 燃烧热实验装置［附带氧弹（图 2.1.2）及压片机］、氧气瓶、减压阀、YCY-4 充氧器、电子天平、万用表、塑料桶、容量瓶。

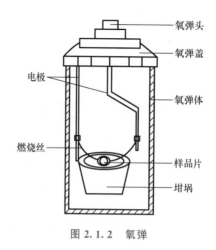

图 2.1.2　氧弹

试剂：苯甲酸（A. R. 或燃烧热专用）、萘（A. R.）。

燃烧热的测定实验装置示意图如图 2.1.3 所示。

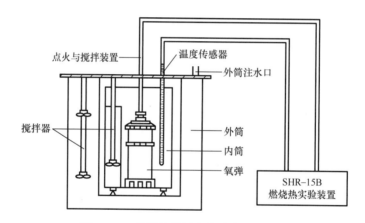

图 2.1.3　燃烧热的测定实验装置示意图

五、实验步骤

1. 准备样品片

用电子天平称取 0.8g 左右（不超过 1g）干燥的苯甲酸，在压片机中压成片状。将样品片从压模中取出，除去样品片表面的碎屑，再用电子天平准确称量。

2. 装样

取出氧弹，旋下氧弹盖，置于氧弹盖架上，截取一段长约 15cm 的燃烧丝，准确称量后，将其固定在样品片上，将燃烧丝两头分别紧绕在电极的凹槽上（注意不要使燃烧丝与坩埚和氧弹壁接触，以免造成短路）。调整好样品片的位置，使其悬挂于坩埚上方，然后拧紧氧弹盖。用万用表检查两电极间的电阻，电阻变化不大时可以充氧。

3. 充氧

将氧弹置于充氧器底座上，将氧弹头对准充氧器出气口，依次打开氧气瓶总阀、减压阀及充氧器，将氧气充入氧弹（约 0.5MPa），然后用放气顶针置于氧弹头放气，赶出氧弹中的空气，再向氧弹中充入约 1.5MPa 的氧气。充好氧气后，用万用表再次检查两电极间的电阻，电阻变化不大时可将氧弹置于量热计内筒中。

4. 调节水温

将热量计外筒注满水，缓慢搅动。将温度传感器插入外筒水中测其温度，待温度稳定后记录其温度值。用塑料桶取略多于 3L 的自来水，调节其水温，使其水温低于外筒水温 1℃左右。用容量瓶量取 3L 已调好温度的自来水注入内筒，再放入氧弹，使水面刚好盖过氧弹。如氧弹有气泡逸出，说明氧弹漏气，应立即寻找原因并排除。将点火电极插头插在氧弹电极插孔里，此时点火指示灯亮，然后盖上外筒盖（注意搅拌器不要与氧弹头接触）。

5. 测定苯甲酸的燃烧热

准备就绪后，打开搅拌器，待内筒水温基本稳定后，将温差仪采零并锁定，设置好蜂鸣器，当温差数据有规律地微小变化（变化值不超过 0.005℃/min）时，记录 10 个温差数据。同时，按"点火"键，调整蜂鸣器时间，继续记录。当温差数据再次有规律地微小变化时，调整蜂鸣器时间，再记录 10 个温差数据即可停止实验。停止实验后，关闭电源，将温度传感器放入外筒。取出氧弹，放出氧弹内的余气。旋下氧弹盖，测量燃烧后剩余的燃烧丝长度，并检查样品片燃烧情况。若样品片未完全燃烧，则实验失败，须重做；反之，说明实验成功。用水冲洗氧弹及坩埚，倒去内筒中的水，把全部仪器擦干，待用。具体操作参见本实验拓展中的使用方法⑥。

6. 测定萘的燃烧热

称取 0.5g 左右（不超过 0.6g）干燥的萘代替苯甲酸，按上述方法测定萘的燃烧热。

7. 实验完毕

清洗仪器，关闭电源，整理实验台。

六、实验指导

1. 原理思路

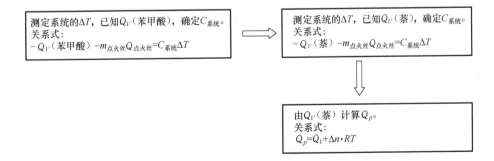

测定系统的ΔT，已知Q_V（苯甲酸），确定$C_{系统}$。
关系式：
$-Q_V$（苯甲酸）$-m_{点火丝}Q_{点火丝}=C_{系统}\Delta T$

测定系统的ΔT，已知Q_V（萘），确定$C_{系统}$。
关系式：
$-Q_V$（萘）$-m_{点火丝}Q_{点火丝}=C_{系统}\Delta T$

由Q_V（萘）计算Q_p。
关系式：
$Q_p=Q_V+\Delta n \cdot RT$

2. 实验流程

3. 实验注意事项

① 待测样品必须干燥，受潮样品不易燃烧且使称量有误。

② 样品完全燃烧是实验成功的关键，实验时应注意压片的紧实程度，压片压得太紧不易燃烧，太松则容易碎裂，使燃烧不完全。

③ 燃烧第二个样品时，内筒水须更换并再次调节水温。

七、数据记录及处理

1. 数据记录

将实验原始数据记录在表 2.1.1 中。将内筒温度变化数据记录在表 2.1.2 中。

表 2.1.1　实验原始数据

苯甲酸的质量（精测）/g		萘的质量（精测）/g	
燃烧丝质量/g		燃烧丝质量/g	
燃烧丝点火后剩余质量/g		燃烧丝点火后剩余质量/g	
燃烧丝消耗质量/g		燃烧丝消耗质量/g	

表 2.1.2　内筒温度变化数据

序号	温度读数/℃		序号	温度读数/℃		序号	温度读数/℃	
	苯甲酸	萘		苯甲酸	萘		苯甲酸	萘
1			8			15		
2			9			16		
3			10			17		
4			11			18		
5			12			19		
6			13			20		
7			14					

2. 数据处理

① 用雷诺图解法求出苯甲酸和萘燃烧前后的温度差 ΔT。

② 标定量热计的热容 C。已知苯甲酸在 298.15K 时的恒容燃烧热 $Q_V = -26.46\text{kJ/g}$，常见燃烧丝的恒容燃烧热 Q_V 值：如铁丝为 -6.69kJ/g、镍铬丝为 -1.40kJ/g。

③ 由恒容燃烧热 Q_V 计算萘的标准摩尔燃烧焓 $\Delta_c H_m$，并与文献值比较，计算误差并讨论误差来源。

八、思考题

1. 加入内筒中的水的温度为什么要比外筒水温低？低多少合适？为什么？

2. 实验中哪些因素容易造成测量误差？

3. 测量非挥发性液体的热值时，能否直接放在氧弹的坩埚中进行？

拓展：SHR－15B 燃烧热实验装置的使用

1. SHR－15B 燃烧热实验装置前面板和背板示意图分别如图 2.1.4 和 2.1.5 所示。

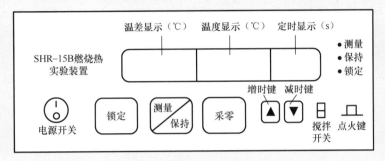

图 2.1.4　SHR－15B 燃烧热实验装置前面板示意图

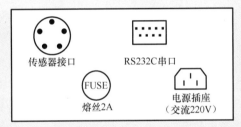

图 2.1.5　SHR－15B 燃烧热实验装置背板示意图

2. SHR－15B 燃烧热实验装置使用方法

① 将温度传感器探头插入背板上的传感器接口，将交流 220V 电源接入背板上的电源插座，开启电源开关，进行预热（注意此时不要开启搅拌开关）。

② 样品压片。用天平称取样品，在压片机中压成片状（注意不能压太紧，太紧点火后不能充分燃烧）。样品压成片状后，再用天平准确称重。

③ 装样。旋开氧弹盖，把氧弹盖放在氧弹盖架上，将样品片放入坩埚内，把坩埚放在燃烧架上。取一根燃烧丝测量其长度，然后将燃烧丝两端固定在两电极上，中部贴紧样品（注意燃烧丝与坩埚壁不能相碰）。用手拧紧氧弹头。

④ 氧弹充氧。先充入少量氧气（减压阀表指示约 0.5MPa），然后放掉氧弹中的氧气，以赶出氧弹中的空气，再向氧弹中充入约 1.5MPa 的氧气。

⑤ 调节水温。给量热计外筒注满水，用温度传感器测其温度，记录其温度值。用塑料桶取略多于 3L 的自来水，调节其水温，使其水温低于外筒水温 1℃ 左右。用容量瓶量取 3L 已调好温度的自来水注入内筒，再放入氧弹，使水面刚好盖过氧弹。如氧弹有气泡逸出，说明氧弹漏气。将点火电极插头插在氧弹电极插孔里，此时点火指示灯亮，盖上外筒盖（注意搅拌器不要与氧弹头相碰）。

⑥ 开启搅拌开关，搅拌指示灯亮。待水温基本稳定后，按"采零"键后再按"锁定"键。然后将温度传感器取出放入外筒水中，待温度稳定后，记录其温差值，再将温度传感器插入内筒水中，待温度稳定后，设置蜂鸣60s一次，每隔60s记录一次温差值（精确至±0.002℃），连续记录10次，并且水温有规律微小变化（注意水温没有上升说明点火失败，应关闭电源，取出氧弹，放出氧气，仔细检查燃烧丝及连接线，找出原因并排除）。设置蜂鸣15s一次，按下"点火"键。每隔15s，记录一次温差值，直至两次读数差值小于0.005℃；设置蜂鸣60s一次，每隔60s记录一次温差值（精确至±0.002℃），连续记录10次，实验停止。实验停止后，关闭电源，将温度传感器放入外筒。取出氧弹，放出氧弹内的余气。旋下氧弹盖，测量燃烧后残丝长度并检查样品燃烧情况。若样品未完全燃烧，实验失败，须重做。

实验二　凝固点降低法测定摩尔质量

一、实验目的

1. 加深对稀溶液依数性的理解。

2. 掌握溶液凝固点的测定技术，并学会用凝固点降低法测定萘的摩尔质量。

二、预习要求

1. 了解凝固点测定装置的使用方法。

2. 了解步冷曲线及外推法。

三、实验原理

凝固点降低
法测定摩尔
质量（一）

在一定压力下，固液两相平衡时的温度称为凝固点。在溶质和溶剂不生成固态溶液的条件下，对于溶剂中溶有少量溶质的稀溶液，从溶液中析出的固态纯溶剂与溶液达成的平衡温度即溶液的凝固点。溶液的凝固点低于纯溶剂在相同压力下的凝固点。在确定溶剂的种类和数量后，其凝固点降低值取决于所含溶质分子的数目。非挥发性溶质的二组分稀溶液的凝固点降低值 ΔT_f 与溶质的质量摩尔浓度 m_B 成正比，即

凝固点降低
法测定摩尔
质量（二）

$$\Delta T_f = T_f^* - T_f = K_f m_B \tag{2.2.1}$$

式中，T_f^* 为纯溶剂的凝固点；T_f 为溶液的凝固点；K_f 为溶剂的凝固点降低常数；m_B 为溶液中溶质的质量摩尔浓度。

对于溶质质量和溶剂质量分别为 W_B 和 W_A 的稀溶液，有

$$m_B = \frac{W_B}{M_B W_A} \times 1000 = \frac{1000 W_B}{M_B W_A} \tag{2.2.2}$$

若已知某溶剂的凝固点降低常数 K_f，通过实验测定稀溶液的凝固点降低值 ΔT_f，则溶质的摩尔质量 M_B 由下式计算得出，即

$$M_B = K_f \times \frac{1000 W_B}{\Delta T_f W_A} \tag{2.2.3}$$

凝固点降低值反映了溶液中溶质有效质点的数目。如果溶质在溶液中有解离、缔合、溶剂化和配合物生成等情况，这些均会影响溶质的摩尔质量，因此，溶质的摩尔质量就不能简单地用式（2.2.3）进行计算。溶液浓度稍高时，就不再是稀溶液，这使测定的摩尔质量随溶液浓度的不同而变化。为了获得比较准确的摩尔质量数据，常采用外推法，即以式（2.2.3）所计算得出的摩尔质量为纵坐标，以溶液浓度为横坐标作图，外推至溶液浓度为零，从而求得较准确的摩尔质量数值。

ΔT_f 通常是通过分别测定纯溶剂和稀溶液的凝固点得到的。实验测定凝固点采用过冷法，此方法是将纯溶剂或稀溶液缓慢冷却为过冷溶液，促使溶液结晶。当晶体生成时，放出的凝固热使系统温度回升，当放热与散热达成的平衡温度不再改变时，固液两相达成的平衡温度即为溶液的凝固点。

若将液态的纯溶剂逐步冷却，在其未凝固前，温度将随时间均匀下降，其步冷曲线如图 2.2.1 中的 1 所示。但实际过程中，当液体温度冷却到或稍低于凝固点时，晶体并不析

出，这就是所谓的过冷现象。由于搅拌或加入晶种促使溶剂结晶，结晶放出的凝固热使系统温度迅速回升到稳定的平衡温度，待液体全部凝固后，温度再次逐渐下降，其步冷曲线如图 2.2.1 中的 2 所示。

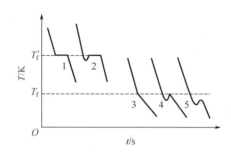

图 2.2.1 纯溶剂和溶液的步冷曲线

若将溶液逐步冷却，其步冷曲线与纯溶剂的不同。当有溶剂凝固析出时，剩余溶液的浓度逐渐增大，因而剩余溶液与溶剂固相的平衡温度也逐渐下降，在步冷曲线上没有温度不变的水平线段。因有凝固热放出，温度的下降速度变慢，步冷曲线的斜率发生变化，如图 2.2.1 中的 3 所示。通常，当稍有过冷现象时，析出的固体溶剂的量很少，对原始溶液的浓度影响不大，其步冷曲线如图 2.2.1 中的 4 所示。此时，可将温度回升的最高值近似地看作该溶液的凝固点。若过冷现象严重，析出的固体溶剂的量过多，溶液的浓度变化过大，其步冷曲线如图 2.2.1 中的 5 所示，测得的凝固点将偏低，影响溶质的摩尔质量的测定结果。因此，在测定过程中，一般可通过调节寒剂的温度或控制搅拌速度来设法控制适当的过冷程度。

过冷情况下，还可通过外推法求纯溶剂和溶液的凝固点，如图 2.2.2 所示。通过绘制纯溶剂和溶液的步冷曲线，作曲线后面部分（已经有固体析出）的趋势线并延长，使其与曲线的前面部分相交，交点就是凝固点。

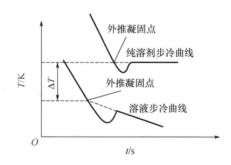

图 2.2.2 外推法求纯溶剂和溶液的凝固点

四、仪器与试剂

仪器：SWC-LG 凝固点测定仪、SWC-ⅡD 精密数字温度温差仪、温度传感器、电子天平、25mL 移液管。

试剂：环己烷（A. R.）、萘（A. R.）。

凝固点降低法测定摩尔质量实验装置示意图如图 2.2.3 所示。

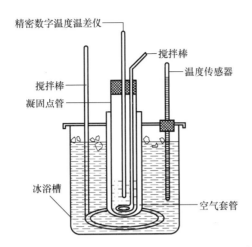

图 2.2.3　凝固点降低法测定摩尔质量实验装置示意图

五、实验步骤

1. 安装仪器

将凝固点测定仪与精密数字温度温差仪连接（注意凝固点管和搅拌棒都必须清洁、干燥）。

2. 调节寒剂温度

将温度传感器放入冰浴槽传感器插孔中，并在冰浴槽中加入碎冰和自来水作为寒剂，用冰浴槽中的搅拌器手动搅拌，调节冰水比例，使寒剂的温度保持在 3.5℃左右（一般寒剂的温度以不低于所测溶液的凝固点 3℃为宜），将空气套管放入右端口。实验时应经常搅拌寒剂，并间断地补充少量碎冰，使寒剂温度保持不变。

3. 置零精密数字温度温差仪

接通仪器电源，预热 5min，待温差显示窗显示的数值稳定后，按"采零"键，对精密数字温度温差仪置零，再按"锁定"键。

4. 测定溶剂凝固点

① 粗测溶剂凝固点。准确移取 25mL 环己烷，将其注入洗净、干燥的凝固点管中，打开精密数字温度温差仪的报时开关（一般 30s 鸣响一次），将凝固点管直接放入冰浴槽中，并放入磁珠。将温度传感器从冰浴槽中取出并擦干，用橡胶塞把温度传感器固定在凝固点管中（**注意温度传感器应插在与凝固点管管壁平行的中央位置，插入深度以温度传感器顶端距离凝固点管底部 5mm 为佳**）。调节调速旋钮平稳搅拌，使环己烷温度逐渐下降，观察精密数字温度温差仪温差显示窗示数的变化，当示数基本不变时，将其记录下来，即为环己烷的近似凝固点。

② 精测溶剂凝固点。取出凝固点管，用手捂住管壁片刻，同时不断搅拌，使管中环己烷晶体全部熔化。将凝固点管重新置于冰浴槽中，缓慢搅拌，当环己烷的温度均匀下降至高于近似凝固点 0.5℃时，将凝固点管迅速取出并擦干，插入空气套管中，然后缓慢搅

拌，使环己烷温度逐渐降低，同时开始每 30s 记录一次示数。当温度低于近似凝固点 0.2～0.3℃时，快速搅拌，促使固体析出。待温度回升后，改为缓慢搅拌，直到温度回升到温差显示窗示数稳定为止，记录 8～10 个稳定的示数。取出凝固点管，使管中环己烷晶体再次熔化，重复测定 1～2 次，得到纯溶剂的步冷曲线数据。

5. 测定溶液凝固点

取出凝固点管，按上述步骤将管中环己烷晶体全部熔化。把电子天平精确称取的萘（0.15g）加入凝固点管中，待其全部溶解后测定溶液的凝固点。测定方法与环己烷相同，先测近似凝固点，再测精确凝固点，重复测定 1～2 次，得到溶液的步冷曲线数据。

6. 实验完毕

洗净凝固点管，关闭电源，倒出冰浴槽中的冷却水，擦干搅拌器，整理实验台。

六、实验指导

1. 原理思路

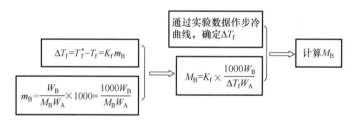

2. 实验流程

3. 实验注意事项

① 寒剂温度以不低于所测溶液的凝固点 3℃为宜。
② 用搅拌器搅拌时，注意避免温度传感器和凝固点管的管壁摩擦。
③ 控制过冷程度，防止过冷温度超过 0.5℃。

七、数据记录及处理

1. 数据记录

将凝固点管中样品温度数据记录在表 2.2.1 中。

2. 数据处理

① 根据四组数据，以温度为纵坐标，时间为横坐标，分别作出纯溶剂和溶液的步冷曲线（计算机绘图），用外推法确定其凝固点。

表 2.2.1　　凝固点管中样品温度数据

序号	环己烷（1）/℃	环己烷（2）/℃	环己烷＋萘（1）/℃	环己烷＋萘（2）/℃
1				
2				
3				
4				
5				
...				

② 将凝固点相关数据记录在表 2.2.2 中。

表 2.2.2　凝固点相关数据

物质	质量/g	凝固点/℃	凝固点平均值/℃	凝固点降低值/℃
环己烷				
环己烷＋萘				

③ 由所得数据计算萘的相对分子质量，并计算与理论值的相对误差。

八、思考题

1. 什么因素会影响 ΔT_f 的测定？

2. 根据什么原则来确定加入溶剂中的溶质的量？加入量太多或太少将会有什么影响？

3. 当溶质在溶液中有解离、缔合、溶剂化和配合物生成的情况时，其摩尔质量的测定值将会受到什么影响？

4. 该实验中寒剂温度为何要调到 3.5℃ 左右，寒剂温度过高或过低将会有什么影响？

拓展：SWC-ⅡD 精密数字温度温差仪的使用

1. SWC-ⅡD 精密数字温度温差仪前面板和背板示意图分别如图 2.2.4 和图 2.2.5 所示。

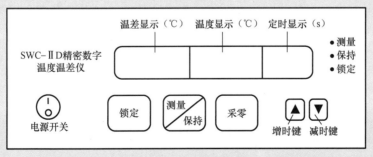

图 2.2.4　SWC-ⅡD 精密数字温度温差仪前面板示意图

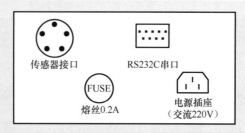

图 2.2.5　SWC-ⅡD精密数字温度温差仪背板示意图

2. 使用方法

① 将温度传感器探头插入背板上的传感器接口，将交流 220V 电源接入背板上的电源插座。

② 将温度传感器插入被测物中（插入深度应大于 50mm）。

③ 按下电源开关，此时温度显示窗显示仪表初始状态（实时温度）。

④ 当温差显示窗显示的数值稳定后，按下"采零"键，数值显示为"0.000"，稍后的变化值则为采零后温差的相对变化量。

⑤ 在实验过程中，仪器采零后，当介质温度变化过大时，仪器会自动更换适当的基温，这样温差的显示值将不能正确反映温度的变化量。故在实验时，按"采零"键后，应再按"锁定"键，这样仪器才不会自动更换基温，"采零"键也会不起作用，直至重新开机。

⑥ 记录读数时，可按"测量/保持"键，使仪器处于保持状态（此时"保持"指示灯亮）。读数完毕，再按"测量/保持"键，即可转换到测量状态，继续进行跟踪测量。

⑦ 定时读数时，先按"▲"键或"▼"键，设定所需的报时间隔，设定后定时显示将进行倒计时。当一个计数周期完毕时，蜂鸣器鸣叫，并且读数保持 5s，"保持"指示灯亮，此时可观察和记录数据。

⑧ 关机并复原。按"电源开关"键，仪器关闭，将实验仪器复原。

3. 注意事项

① 仪器不宜放在有水或过于潮湿的地方，应置于阴凉通风处。

② 仪器不宜放在高温环境，避免靠近发热源，如电暖气或炉子等。

③ 为保证仪器正常工作，没有专门检测设备的单位和个人时，请勿打开机盖自行检修，更不允许调整和更换元件，否则无法保证仪器测量的准确度。

④ 测量过程中，一旦按"锁定"键，基温自动更换，并且"采零"键不起作用，直至重新开机。

实验三　氨基甲酸铵的分解平衡

一、实验目的

1. 熟悉用等压法测定固体分解反应的平衡压力。

2. 掌握真空实验技术。

3. 测定不同温度下氨基甲酸铵的分解压力，进而计算氨基甲酸铵在相应温度下的标准平衡常数及有关的热力学函数。

氨基甲酸铵
的分解平衡

二、预习要求

1. 理解等压法测定平衡压力的基本原理。

2. 了解真空系统如何检漏。

3. 分析随温度升高 U 形管中硅油液面的变化情况及对结果的影响和控制方法。

三、实验原理

氨基甲酸铵（NH_2COONH_4）是合成尿素的中间产物，为白色固体，不稳定，加热易发生分解反应，即

$$NH_2COONH_4(s) \Longrightarrow 2NH_3(g) + CO_2(g)$$

若将 NH_3 和 CO_2 看成理想气体，则标准平衡常数 $K^\ominus$ 可表示为

$$K^\ominus = \left(\frac{p_{NH_3}}{p^\ominus}\right)^2 \frac{p_{CO_2}}{p^\ominus} \tag{2.3.1}$$

式中，p_{NH_3} 和 p_{CO_2} 分别为 NH_3 和 CO_2 的平衡分压；$p^\ominus$ 为标准压力，通常为 $100kPa$；设系统的平衡总压力为 p，忽略固体氨基甲酸铵的蒸气压，则 p 为 p_{NH_3} 与 p_{CO_2} 之和。由反应的计量关系可知：$p_{NH_3} = \frac{2}{3}p$，$p_{CO_2} = \frac{1}{3}p$，将其代入式（2.3.1），可得

$$K^\ominus = \frac{4}{27}\left(\frac{p}{p^\ominus}\right)^3 \tag{2.3.2}$$

可见，当系统达到平衡后，测得系统的平衡总压力即可计算出实验温度下的标准平衡常数 $K^\ominus$。

由化学反应等压方程可知，标准平衡常数与温度的关系为

$$\left(\frac{\partial \ln K^\ominus}{\partial T}\right)_p = \frac{\Delta_r H_m^\ominus}{RT^2} \tag{2.3.3}$$

式中，$\Delta_r H_m^\ominus$ 为标准摩尔反应焓变，当温度在不太大的范围内变化时，$\Delta_r H_m^\ominus$ 可视为常数。

对式（2.3.3）式进行不定积分，可得

$$\ln K^\ominus = -\frac{\Delta_r H_m^\ominus}{RT} + C \tag{2.3.4}$$

式中，C 为积分常数。

作 $\ln K^\ominus - 1/T$ 图，得一条直线，由斜率可计算出 $\Delta_r H_m^\ominus$；根据 $\Delta_r G_m^\ominus = -RT\ln K^\ominus$，求出给定温度下的标准摩尔反应吉布斯函数变 $\Delta_r G_m^\ominus$；又根据 $\Delta_r G_m^\ominus = \Delta_r H_m^\ominus - T\Delta_r S_m^\ominus$，可以近似地计算出标准摩尔反应熵变 $\Delta_r S_m^\ominus$。

四、仪器、试剂与装置

仪器：SYP-Ⅲ型玻璃恒温槽、DP-AF精密数字（真空）压力计、2XZ-1旋片式真空泵、缓冲储气罐、等压计。

试剂：氨基甲酸铵（C. P.）、硅油（C. P.）。

氨基甲酸铵的分解平衡实验装置示意图如图2.3.1所示。

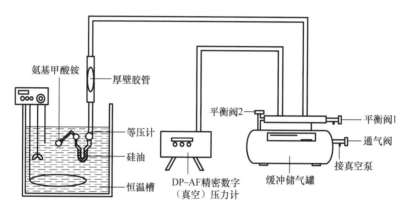

图2.3.1　氨基甲酸铵的分解平衡实验装置示意图

五、实验步骤

1. 准备仪器

按图2.3.1所示连接好实验装置，打开精密数字（真空）压力计电源开关，预热5min，在系统完全与大气相通的情况下，调节压力计，将其置零。

2. 检漏系统

关闭缓冲储气罐上的通气阀、平衡阀1和平衡阀2。开启真空泵，并依次打开通气阀和平衡阀2，抽气10min至系统达到一定的真空度，然后依次关闭平衡阀2和通气阀，停止抽气。观察精密数字（真空）压力计的读数判断是否漏气，如果在3min内压力计的读数基本不变，则表明系统不漏气。若有漏气，则应从真空泵至系统分段检查，并用真空油脂封住漏口，直至不漏气为止，方可进行下一步实验。

3. 测定系统的平衡总压力

①不漏气后，取下等压计，将氨基甲酸铵粉末装入等压计的盛样小球，并将小球与U形管相连，在U形管中滴加适量硅油作为密封液（硅油的蒸气压极小）。

②将安装好的等压计固定在恒温槽中。打开恒温槽电源开关，设定温度为（30±0.1）℃。依次打开真空泵、通气阀和平衡阀2，将系统中的空气抽出，约10min后，依次关闭平衡阀2和通气阀，停止抽气。缓慢开启平衡阀1，小心地将空气放入系统，直至等压计U形管两臂硅油液面齐平时关闭平衡阀1。观察硅油液面，重复放气操作，直至5min内硅油液面齐平不变，则认为此时分解反应已达平衡，即可读取精密数字（真空）压力计的示数。

4. 重复测定系统的平衡总压力

保持恒温槽温度不变，使系统与真空泵相连，再次抽气 10min，然后依次关闭平衡阀 2 和通气阀，停止抽气。按测量步骤②，重复测定系统的平衡总压力。保证两次测定结果差值小于 0.267kPa，方可进行下一步实验。

5. 升温测定系统的平衡总压力

依次调节恒温槽的温度至 35℃、40℃、45℃ 及 50℃，用与步骤 3 和步骤 4 相同的方法继续测定各温度下系统的平衡总压力。在升温过程中，注意观察 U 形管硅油液面的变化，通过平衡阀 1 调节系统的平衡总压力，使分解的气体不至于通过硅油鼓泡。

6. 实验完毕

将空气缓慢放入系统，使系统解除真空状态，关闭仪器。取下等压计，将盛样小球洗净，烘干备用。

六、实验指导

1. 原理思路

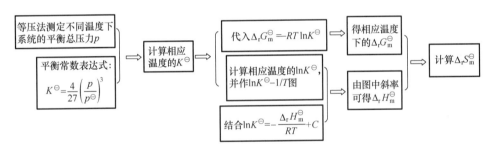

2. 实验流程

3. 注意事项

① 调平等压计中硅油液面高度时，防止空气倒灌进入等压计盛样小球，也要避免盛样小球中的分解产物穿过硅油柱逸出。

② 氨基甲酸铵分解反应的热效应大，温度对标准平衡常数的影响较大，在实验过程中要严格调节恒温槽温度，减小温度波动。

③ 在真空泵的使用过程中，要注意开泵和关泵前务必与大气相通，避免损坏真空泵。

七、数据记录及处理

1. 数据记录

将不同温度下反应的分解压和标准平衡常数记录在表 2.3.1 中。

表 2.3.1　不同温度下反应的分解压和标准平衡常数

室温_____℃　大气压_____kPa

温度			压力计示数 Δp/kPa	分解压 p/kPa	$K^{\ominus}$	$\ln K^{\ominus}$
T/℃	T/K	$(1/T)$/K^{-1}				
35						
40						
45						
50						

2. 数据处理

① 作 $\ln K^{\ominus}$-$1/T$ 图，通过斜率计算氨基甲酸铵分解反应的 $\Delta_r H_m^{\ominus}$，

② 计算 25℃ 和 30℃ 时的 $\Delta_r G_m^{\ominus}$ 及 $\Delta_r S_m^{\ominus}$。

八、思考题

1. 如何检查真空系统是否漏气?

2. 将空气缓慢放入系统时，如果放入的空气过多，会有什么现象出现? 怎样处理?

3. 如何判断氨基甲酸铵分解反应已达平衡?

拓展：DP-AF 精密数字（真空）压力计的使用

1. DP-AF 精密数字（真空）压力计前面板和背板示意图分别如图 2.3.2 和图 2.3.3所示。

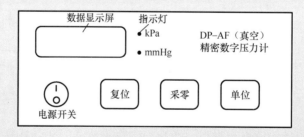

图 2.3.2　DP-AF 精密数字（真空）压力计前面板示意图

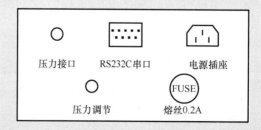

图 2.3.3　DP-AF 精密数字（真空）压力计背板示意图

2. 使用方法

① 用橡胶管将背板上的压力接口与被测系统连接。

② 将交流 220V 电源接入背板上的电源插座，打开电源开关，按"复位"键，数据显示屏和指示灯亮，仪表处于工作状态。

③ 按"单位"键选择测量单位，当"kPa"指示灯亮时，数据显示屏显示以 kPa 为单位的压力值；当"mmHg"指示灯亮时，数据显示屏显示以 mmHg 为单位的压力值。根据被测系统的需要选择测量单位。

④ 进行气密性检查时，缓慢加压到 30～40kPa，检查传感器及检测系统是否漏气。确认不漏气后，将压力恢复至零，然后正式进行测定。

⑤ 在测定前，必须按"采零"键使仪表自动扣除传感器零压力值（零点漂移），数据显示屏显示为"00.00"，以保证正式测定时显示出被测介质的实际压力值。

⑥ 测定过程中，缓慢加压或抽气至所需压力时，数据显示屏显示的数值即为该温度下所测的实际压力值。

⑦ 关机时，将被测压力泄为"00.00"，关闭电源开关，即关机。

3. 注意事项

尽管仪表做了零点补偿，但传感器自身固有的漂移是无法处理的，所以，每次测定前必须采零，以保证所测压力值准确。

实验四　液体饱和蒸气压的测定

液体饱和蒸气压的测定（一）

液体饱和蒸气压的测定（二）

一、实验目的

1. 初步掌握低真空实验技术，掌握静态法测定不同温度下纯液体饱和蒸气压的原理和方法。

2. 学会用图解法求被测液体在实验温度范围内的平均摩尔汽化热和正常沸点。

3. 明确纯液体饱和蒸气压的定义和气液两相平衡的概念，深入理解并正确应用克拉佩龙–克劳修斯方程。

二、预习要求

1. 了解静态法测定液体饱和蒸气压的基本原理。

2. 了解真空泵、恒温槽和压力计的使用方法。

3. 了解真空系统的检漏和实验操作时抽气及排气的控制。

三、实验原理

在一定温度下，真空密闭容器中的纯液体与其蒸气建立动态平衡，液面上蒸气的密度不再改变，此时液面上蒸气的压力就称为液体在该温度下的饱和蒸气压。液体的饱和蒸气压与温度有一定的关系，温度升高，分子运动加剧，单位时间内由液面逸出的分子数增多，因而饱和蒸气压增大；反之，温度降低，则饱和蒸气压减小。当饱和蒸气压与外压相等时，液体沸腾，此时的温度称为沸点。我们把外压为 101.325kPa 时液体的沸点称为该液体的正常沸点。

在忽略液相的体积并将气体视为理想气体的条件下，纯液体的饱和蒸气压与温度的关系可以用克拉佩龙–克劳修斯方程表示为

$$\frac{\mathrm{d}\ln p}{\mathrm{d}T} = \frac{\Delta_{\mathrm{vap}}H_{\mathrm{m}}}{RT^2} \tag{2.4.1}$$

式中，p 为纯液体在温度 T 时的饱和蒸气压；T 为热力学温度；$\Delta_{\mathrm{vap}}H_{\mathrm{m}}$ 为纯液体的平均摩尔汽化热；R 为摩尔气体常数。

若温度改变的范围不大，则 $\Delta_{\mathrm{vap}}H_{\mathrm{m}}$ 可视为常数，将式（2.4.1）积分可得

$$\ln p = -\frac{\Delta_{\mathrm{vap}}H_{\mathrm{m}}}{2.303RT} + C \tag{2.4.2}$$

式中，C 为积分常数，其值与压力的单位有关。

由式（2.4.2）可知，在一定温度范围内测定不同温度下的饱和蒸气压，作 $\ln p$ - $1/T$ 图，可得一条直线，由直线斜率可得实验温度范围内纯液体的平均摩尔汽化热 $\Delta_{\mathrm{vap}}H_{\mathrm{m}}$。

液体饱和蒸气压的测定方法主要有三种：静态法、动态法和饱和气流法。其中，静态法准确性较高，一般适用于测定饱和蒸气压比较大的液体。本实验采用静态法测定液体的饱和蒸气压，将待测物质放在一个密闭的系统中，通过调节外压以平衡液体的饱和蒸气压 p，测出外压值 p_0 就能得到该温度下的饱和蒸气压。

四、仪器、试剂与装置

仪器：SYP–Ⅲ型玻璃恒温槽、DP–AF 精密数字（真空）压力计、2XZ–1 旋片式真

空泵、缓冲储气罐、平衡管。

试剂：无水乙醇（A. R.）。

液体饱和蒸气压的测定实验装置示意图如图 2.4.1 所示。

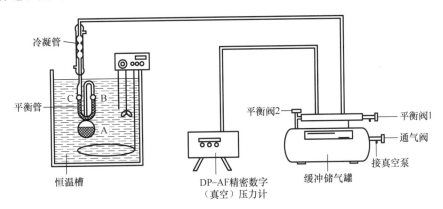

图 2.4.1　液体饱和蒸气压的测定实验装置示意图

五、实验步骤

1. 准备仪器

按图 2.4.1 所示安装好实验仪器，调试实验装置，掌握真空泵的正确使用，了解系统各部分的作用，读取当日大气压力。

2. 装样

取下平衡管，洗净、烘干，装入无水乙醇，使 A 球内有 2/3 体积的液体，并在平衡管 U 形管部分也加入适量的无水乙醇，将平衡管接在冷凝管的下端。

3. 检查气密性

关闭缓冲储气罐所有阀门（所有阀门均是顺时针旋转为关闭，逆时针旋转为开启），接通真空泵电源，启动真空泵，依次将通气阀和平衡阀 2 打开，使真空泵与系统相通，对系统抽气。当显示压力为 −53～−40kPa 时，依次关闭通气阀和真空泵。观察压力计，若显示数值在 5min 内无变化，说明系统气密性良好；否则，应仔细进行分段检查漏气原因，并采取相应措施，确保系统不漏气。检漏完毕后，打开平衡阀 1，使系统泄压至示数稳定，然后按"采零"键，以消除仪表系统的零点漂移。

4. 测定液体的饱和蒸气压

接通冷凝水，调节恒温槽的温度至 25℃，打开搅拌器开关，关闭缓冲储气罐所有阀门。当水浴温度达到 25℃时，启动真空泵，依次打开通气阀和平衡阀 2，使真空泵与系统相通，对系统缓慢抽气，使 A 球中液体内溶解的空气和其液面上方的空气呈气泡状通过 U 形管部分的液体排出。当 U 形管部分的液体沸腾 3～4min 后（压力计示数达到某一最高值），关闭通气阀和真空泵，缓慢打开平衡阀 1，使空气逐渐进入系统，当 U 形管两臂的液面齐平时，关闭平衡阀 1。待液柱不再发生变化时，记下恒温槽的温度和压力计上的压力值。

5. 升温测定液体的饱和蒸气压

重复上述操作，依次测定 30℃、35℃、40℃、45℃、50℃时无水乙醇的饱和蒸气压。

6. 实验完毕

缓慢打开平衡阀1，使压力计恢复零位。关闭所有电源，断开冷凝水，放掉恒温槽内的热水，清洗平衡管。

六、实验指导

1. 原理思路

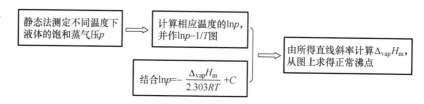

2. 实验流程

3. 注意事项

① 实验时，一定要仔细检查系统的气密性，保证系统不漏气。

② 整个实验过程中，应保持平衡管 A 球液面上蒸气相中不存在空气，还要防止空气倒灌进入试液球。

③ 液体的饱和蒸气压与温度有关，平衡管有液体的部分必须置于恒温水浴中的液面以下，以保证被测液体温度的准确度。在测定过程中，应控制恒温槽的温度波动在 ±0.01℃。

④ 抽气和放气的速度不能太快，避免 U 形管部分的液体沸腾过于剧烈。

⑤ 在真空泵的使用过程中，要注意开泵和关泵前务必与大气相通，避免损坏真空泵。

七、数据记录及处理

1. 数据记录

将大气压数据记录在表 2.4.1 中。

表 2.4.1 大气压数据

实验前 p_0/kPa	实验后 p_0/kPa	平均值 p_0/kPa

将不同温度下无水乙醇的饱和蒸气压记录在表 2.4.2 中。

表 2.4.2　不同温度下无水乙醇的饱和蒸气压

温度/℃	T/K	$1/T/K^{-1}$	$\Delta p/kPa$	p/kPa	$\ln p$
25					
30					
35					
40					
45					
50					

2. 数据处理

① 作 $\ln p - 1/T$ 图。

② 根据直线的斜率，计算出实验温度范围内被测液体的平均摩尔汽化热 $\Delta_{vap} H_m$ 和正常沸点。将计算结果与文献值比较，计算相对误差。

八、思考题

1. 为什么要赶净平衡管 A 球液面上蒸气相中的空气？如有空气，对正常沸点的测定有何影响？怎样判断空气已被赶净？

2. 实验过程中没有控制好沸腾可能发生什么状况？应如何处理？

3. 实验中什么情况下容易发生空气倒灌？如果发生空气倒灌，应如何处理？

4. 克拉佩龙-克劳修斯方程的推导作了哪些近似？

实验五　双液系沸点–组成气液平衡相图的绘制

双液系沸点–组成气液平衡相图的绘制（一）

双液系沸点–组成气液平衡相图的绘制（二）

一、实验目的

1. 掌握绘制常压下环己烷–乙醇双液系沸点–组成气液平衡相图的方法，确定其最低恒沸温度和恒沸组成。

2. 掌握回流冷凝法测定溶液沸点的方法，通过实验加深对分馏原理的理解。

3. 了解阿贝折射仪的测量原理，掌握阿贝折射仪的使用方法。

二、预习要求

1. 了解绘制双液系沸点–组成气液平衡相图的基本原理和方法。

2. 了解实验中的注意事项和判断气液两相是否已达平衡的方法。

3. 了解阿贝折射仪的使用方法。

三、实验原理

在常温下，两种液态物质相互混合而成的系统称为双液系。若两种液体能按任意比例相互溶解，则称为完全互溶双液系。液体的沸点是指液体的饱和蒸气压和外压相等时的温度。对于双液系而言，沸点不仅与外压有关，而且与双液系的组成有关。在一定的外压下，表示溶液沸点与平衡时气液两相组成关系的相图称为沸点–组成气液平衡相图，即气液平衡 $T-x$ 相图。完全互溶双液系沸点–组成气液平衡相图有如下三种类型。

① 液体与拉乌尔定律偏差不大，溶液的沸点介于两纯组分的沸点之间，如图 2.5.1（a）所示。

② 两组分混合后相互作用，导致与拉乌尔定律有较大的正偏差，在沸点–组成气液平衡相图上出现最低点，如图 2.5.1（b）所示。

③ 两组分混合后相互作用，导致与拉乌尔定律有较大的负偏差，在沸点–组成气液平衡相图上出现最高点，如图 2.5.1（c）所示。

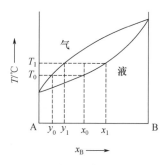

（a）理想的T–x图

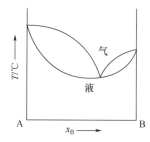

（b）具有最高恒沸点的T–x图

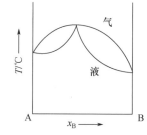

（c）具有最低恒沸点的T–x图

图 2.5.1　完全互溶双液系沸点–组成气液平衡相图

对于②、③类溶液，在最低沸点或最高沸点时的气液两相组成相同，此时蒸馏系统只能使气相总量增加，而气液两相组成和沸点都保持不变。最高沸点或最低沸点对应温度称为溶液的恒沸温度，相应组成称为恒沸组成。

双液系沸点-组成气液平衡相图绘制的原理以图 2.5.1（a）为例，加热总组成为 x_0 的溶液，系统温度上升，当达到温度 T_0 时，溶液开始沸腾，总组成为 y_0 的气相开始生成。由吉布斯相律 $F=C-P+2$ 可知，在恒定外压下，气液两相平衡区的自由度 F 为 1，当气液两相在温度 T_0 达成平衡时，气液两相组成确定，其值分别为 y_0 和 x_0。继续加热，系统温度继续上升，气相量逐渐增多，气液两相的组成分别在气相线和液相线上变化。当温度升高到 T_1 并保持不变时，气液两相达成平衡，气液两相组成确定，其值分别为 y_1 和 x_1，此时气液两相的量之比可由杠杆定律确定。因此，对于总组成、总量确定的溶液，如果设法保持气液两相的量之比不变，就可使系统温度恒定。本实验是采用回流冷凝法来达到这一目的的。待气液两相平衡后，取出两相的样品，分析其组成，并测定此时系统的平衡温度，得到与平衡温度对应的气液两相组成的一组数据。改变溶液的总组成，得到相应温度的另一组数据，这样测得若干组数据后，分别将气相点和液相点的数据连成气相线和液相线，即可得到环己烷-乙醇双液系沸点-组成气液平衡相图。

本实验所用的沸点测定仪是一个带有回流冷凝管的长颈圆底蒸馏瓶，冷凝管底部有一个带三通活塞的小槽，用于收集冷凝下来的气相样品；侧管用于溶液的加入和液相样品的吸取。电加热丝位于蒸馏瓶底部中央位置，直接浸入溶液中加热，有利于减少过热暴沸现象的发生。气液平衡温度通过精密数字温度计测得，并且精密数字温度计距电加热丝至少 2 cm，这样就可以比较准确地测定气液两相的平衡温度。

本实验用阿贝折射仪测定溶液的折射率来确定气液两相组成。折射率是物质的一个特征数值，与物质的浓度及温度有关，因此可先配制一系列已知组成的溶液，在恒定温度下测其折射率，绘制组成-折射率工作曲线，然后通过所测的折射率在工作曲线上查出未知溶液的组成。

四、仪器、试剂与装置

仪器：沸点测定仪、SWJ-IA 精密数字温度计（温度测量分辨率为 0.1℃）、BM-2WAJ 阿贝折射仪、100W 可调压电加热器、超级恒温槽、移液管、滴管。

试剂：环己烷（A. R.）、无水乙醇（A. R.）、环己烷-乙醇标准溶液（环己烷摩尔分数分别为 0.05、0.15、0.30、0.45、0.55、0.65、0.80、0.95）。

双液系沸点-组成气液平衡相图的绘制实验装置示意图如图 2.5.2 所示。

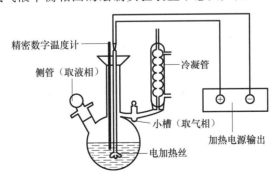

图 2.5.2 双液系沸点-组成气液平衡相图的绘制实验装置示意图

五、实验步骤

1. 测定环己烷、无水乙醇及环己烷–乙醇标准溶液的折射率

调节超级恒温槽温度，使之比室温高5℃，打开阿贝折射仪电源开关，使阿贝折射仪温度示数保持在稳定的数值。用一支干燥的短滴管吸取环己烷数滴，注入阿贝折射仪的加液孔内，测定其折射率，测定3次，取读数平均值。

测定下一样品前，用洗耳球将测量棱镜处留下的液体吹干净。用同样的方法继续测定无水乙醇及环己烷、乙醇标准溶液的折射率。

2. 测定各溶液的沸点及平衡时气液两相的折射率

① 按图2.5.2所示连接好沸点测定仪，用移液管量取20mL无水乙醇，将其从侧管处加入蒸馏瓶内，并使精密数字温度计和电加热丝浸入溶液中（**注意精密数字温度计勿与电加热丝相碰**），接通冷凝水和电源。

② 打开沸点测定仪电源开关，调节"加热电源调节"旋钮（图2.5.3），电压为12V即可。将液体加热至缓慢沸腾，因最初在冷凝管下端小槽内的液体不能代表平衡时气相的组成，为加速达到平衡，需连同支架一起倾斜蒸馏瓶，使小槽中气相冷凝液倾回蒸馏瓶内，重复3次（**注意加热时间不宜太长，以免物质挥发**），待温度稳定后，记下无水乙醇的沸点和室内大气压。

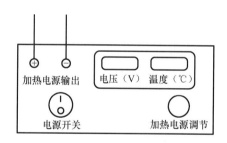

图 2.5.3　沸点测定仪前面板示意图

③ 用干净的移液管分别从小槽和蒸馏瓶侧管中取出气相冷凝液和液相液，立即测定其折射率。

④ 从侧管向蒸馏瓶加入0.5mL环己烷，加热至沸腾，待温度变化缓慢时，按步骤②回流3次，温度基本不变时记下沸点，停止加热。待充分冷却后，取出气相冷凝液和液相液样品，分别测其折射率。

⑤ 按上述步骤依次加入1.0mL、2.0mL、4.0mL、12.0mL环己烷，测定溶液的沸点和平衡时气液两相的折射率。

⑥ 将溶液倒入回收瓶，用少许环己烷洗涤蒸馏瓶2～3次，用吹风机吹干蒸馏瓶。从侧管向蒸馏瓶加入20mL环己烷，测其沸点和气相冷凝液和液相液的折射率，然后依次加入0.2mL、0.4mL、0.6mL、1.0mL、1.2mL无水乙醇，用同样的方法测定溶液的沸点及平衡时气相冷凝液和液相液的折射率。每份样品测定3次，取读数平均值。

3. 实验完毕

关闭仪器和冷凝水，将溶液倒入回收瓶。实验中要经常观察大气压力，若变化不断，

可取其平均值作为实验时的大气压力。

六、实验指导

1. 原理思路

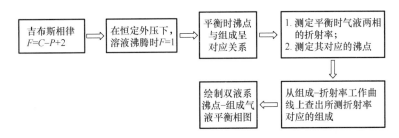

2. 实验流程

3. 注意事项

① 电加热丝一定要被待测液体浸没，否则通电加热时会引起有机液体燃烧。精密数字温度计不要直接碰到电加热丝。

② 加热功率不能太大，电加热丝上有小气泡逸出即可。

③ 一定要使系统达到气液平衡，即温度读数稳定后，再取样测定折射率；测定时还要保持气相冷凝液和液相液的温度一致。

④ 始终保持冷凝管通入冷却水，既可使气相冷凝充分，又可避免有机蒸气污染空气。

⑤ 溶液的沸点与大气压有关，应用特鲁顿规则及克拉佩龙-克劳修斯方程可得溶液沸点因大气压变动的近似校正公式为

$$\Delta T = \frac{R T_{沸}}{88} \times \frac{\Delta p}{p} = \frac{T_{沸}}{10} \times \frac{101325 - p}{101325} \tag{2.5.1}$$

式中，ΔT 是沸点的压力校正值；$T_{沸}$ 是溶液在实验大气压下的沸点；p 为实验时的大气压力。

由式（2.5.1）可知，在101325Pa的压力下，溶液正常沸点为 $T_{正常} = T_{沸} + \Delta T$，可以根据实际需要用 ΔT 校正不同浓度溶液的沸点。

七、数据记录及处理

1. 数据记录

将环己烷-乙醇标准溶液的组成和折射率实验数据记录在表2.5.1中。将各溶液的沸点及平衡时气液两相的折射率实验数据记录在表2.5.2中。

2. 数据处理

① 根据表2.5.1中的数据绘制环己烷-乙醇标准溶液的组成 $x_{环己烷}$-折射率工作曲线。

② 根据表2.5.2中的折射率平均值，从工作曲线上查出平衡时气液两相的组成 $y_{环己烷}$ 及 $x_{环己烷}$，填入表2.5.2中。

③ 根据表2.5.2数据绘制乙醇-环己烷双液系沸点-组成气液平衡相图，确定其恒沸

温度和恒沸组成。

表 2.5.1　环己烷-乙醇标准溶液的组成与折射率实验数据

室温_____℃　大气压：始_____kPa，终_____kPa，平均值_____kPa

$x_{环己烷}$		0.00	0.05	0.15	0.30	0.45	0.55	0.65	0.80	0.95
折射率	1									
	2									
	3									
	平均									

表 2.5.2　各溶液的沸点及平衡时气液两相的折射率实验数据

溶液组成/mL		沸点/℃	气相冷凝液					液相液				
			折射率				$y_{环己烷}$	折射率				$x_{环己烷}$
乙醇	环己烷		1	2	3	平均值		1	2	3	平均值	
20	0											
	0.5											
	1.0											
	2.0											
	4.0											
	12.0											
0.0	20											
0.2												
0.4												
0.6												
1.0												
1.2												

八、思考题

1. 每次加入蒸馏瓶的样品是否要精确配制？为何测定纯组分时需将蒸馏瓶吹干，而测定混合物时却不必吹干？

2. 在本实验中，气液两相是怎样达到平衡的？收集气相冷凝液的小槽的大小对实验有无影响？

3. 平衡时，气液两相温度应该一样吗？实际中其温度是否一样？怎样消除温度的差异？

4. 如何绘制双液系沸点-组成气液平衡相图？哪些因素是实验误差的主要来源？

实验六　二组分合金相图

一、实验目的

1. 掌握热分析法绘制 Bi-Sn 二组分合金相图的原理和方法，并了解其特点。

2. 了解纯物质步冷曲线和混合物步冷曲线的区别，并掌握相变点温度的确定方法。

3. 掌握热电偶测温的原理及数字控温仪和可控升降温电炉的使用方法。

二组分合金相图

二、预习要求

1. 理解步冷曲线和二组分合金相图的绘制原理。

2. 熟悉数字控温仪和可控升降温电炉的使用方法。

3. 理解产生过冷现象的原因及避免方法。

三、实验原理

相图是描绘系统的状态随温度、压力、组成等变量的改变而发生变化的几何图形，它反映系统在指定条件下的相平衡情况，如相数、相的组成和各相的相对量等。对蒸气压较小的二组分凝聚相系统，常以温度-组成相图（$T-x$ 图）来描述。

热分析法是绘制相图常用的基本方法之一。该方法利用吉布斯相律，通过观察系统在压力一定时，加热或冷却过程中温度随时间的变化关系来判断是否发生相变。首先将系统全部熔化，然后使其在一定环境中自行冷却，并每隔一定时间记录一次温度。以温度 T 为纵坐标，时间 t 为横坐标，绘制步冷曲线，如图 2.6.1 所示。

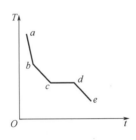

图 2.6.1　步冷曲线

若系统在冷却过程中不发生相变，系统温度随时间均匀下降，冷却速度较快（ab 段）。若系统在冷却过程中发生相变，由吉布斯相律 $F=C-P+1$ 可知，$C=2$，$P=2$，$F=1$，系统温度随时间均匀下降，但由于在相变过程中伴随着热效应，步冷曲线在 b 点出现转折，系统的冷却速度减缓（bc 段）。当系统冷却到 c 点时，系统已达到最低共熔混合物的组成，两种固相同时析出，此时 $C=2$，$P=3$，$F=0$。在最低共熔混合物完全凝固之前，系统温度保持不变（cd 段）。当熔液完全凝固后，系统温度迅速下降（de 段）。

由此可知，步冷曲线上出现的转折点或水平线段对应的温度即为相变温度。根据步冷曲线绘制简单的二组分 $T-x$ 图（图 2.6.2），不同组成系统的步冷曲线与其对应 $T-x$ 图的关系可从图中看出。

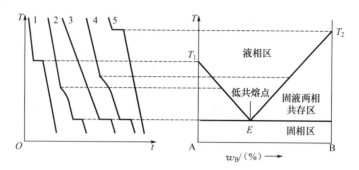

（a）不同组成系统的步冷曲线　　　　（b）简单的二组分T-x图

图 2.6.2　根据步冷曲线绘制简单的二组分 T-x 图

图 2.6.2（a）中，曲线 1 和曲线 5 表示纯物质的步冷曲线，系统出现两相平衡时，温度维持不变，步冷曲线出现水平线段。曲线 2 和曲线 4 表示混合物的步冷曲线，当有物质 A 析出时，系统呈两相，步冷曲线出现转折，当温度下降至低共熔点温度时，物质 B 也开始和物质 A 一起析出，系统出现 A、B 和溶液三相，此时步冷曲线出现水平线段。曲线 3 表示系统组成恰好为低共熔混合物的步冷曲线，当系统温度降至低共熔点温度时，物质 A 和物质 B 同时析出，步冷曲线出现的水平线段对应三相平衡。

用热分析法绘制 T-x 图时，被测系统必须处于或接近相平衡状态。因此，系统的冷却速度必须足够慢才能得到较好的结果；但在冷却过程中往往产生过冷现象，轻微的过冷有利于相变温度的确定，而严重的过冷则会使转折点发生起伏，导致难以确定相变温度。如遇此情况，可延长 dc 线与 ab 线相交，交点 e 即为转折点，此时的步冷曲线如图 2.6.3 所示。

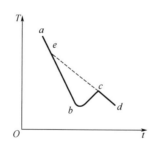

图 2.6.3　有严重过冷现象时的步冷曲线

本实验利用热分析法绘制一系列不同组成 Bi-Sn 混合物的步冷曲线，从而绘制其二组分合金相图。实验中温度的控制是通过调节可控升降温电炉来实现的，也可以人为设定降温速度。通过热电偶采集温度数据使步冷曲线直接显示在计算机屏幕上，可控升降温电炉具有温度显示和定时鸣叫功能，因此也可以手工记录数据并绘制步冷曲线。由于本实验研究的 Bi-Sn 系统实际上是一个部分互溶的低共熔系统，用一般的热分析法只能得到简单的低共熔混合物类型的相图。如果要绘制完整的 Bi-Sn 二组分合金相图，还要借助金相显微镜、X 射线衍射仪及化学分析等。

四、仪器、试剂与装置

仪器：SWKY 数字控温仪、KWL-08 可控升降温电炉、电子天平、不锈钢样品管。

试剂：Bi（C. P.）、Sn（C. P.）、石墨粉。

二组分合金相图实验装置示意图如图 2.6.4 所示。

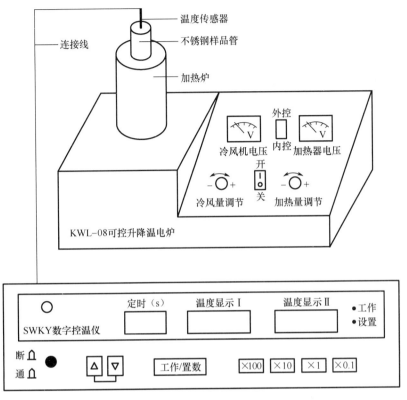

温度传感器
不锈钢样品管
连接线
加热炉
外控
内控
冷风机电压   加热器电压
开
关
冷风量调节   加热量调节
KWL-08可控升降温电炉

SWKY数字控温仪
定时（s）   温度显示Ⅰ   温度显示Ⅱ   ·工作
·设置
断
通
△ ▽
工作/置数
×100 ×10 ×1 ×0.1

图 2.6.4   二组分合金相图实验装置示意图

五、实验步骤

1. 样品准备

用感量为 0.1g 的电子天平分别称取配制含 Bi 量为 0、30％、58％、80％、100％的 Bi－Sn 混合物各 50g，分别放入不锈钢样品管中，在试样上面覆盖一层石墨粉（防止金属氧化），并做好标记。

2. 连接仪器

将 SWKY 数字控温仪与 KWL－08 可控升降温电炉进行连接，接通电源，将可控升降温电炉置于"外控"状态。

3. 调节可控升降温电炉

先将准备好的不锈钢样品管放入加热炉内，再将温度传感器插入试样中。关闭可控升降温电炉的加热量调节与冷风量调节，打开电源开关。设置数字控温仪的温度，将数字控温仪调节到"工作"状态，使试样加热熔化。设置数字控温仪上的定时时间为 30s，仪器鸣叫时记录数字控温仪上的实时温度。可控升降温电炉的温度不宜升得太高，一般在金属全部熔化后即可停止加热，以防金属氧化。

将数字控温仪置于"置数"状态，调节可控升降温电炉的"冷风量调节"旋钮，使系统冷却速度保持在 6～8℃/min（电压 5V 以下）。

4. 绘制各试样的步冷曲线

每分钟记录一次温度，从 300℃ 开始记录，纯 Sn 和纯 Bi 试样降温到 200℃ 停止记录，其他各试样降温到 125℃ 停止记录。根据记录的温度数据绘制各试样的步冷曲线。

5. 实验完毕

将"加热量调节"旋钮和"冷风量调节"旋钮逆时针调至零，关闭可控升降温电炉电源开关，取出不锈钢样品管；关闭数字控温仪电源开关；整理实验台。

六、实验指导

1. 原理思路

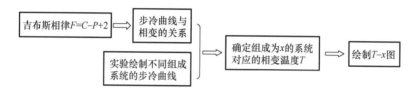

2. 实验流程

3. 注意事项

① 在试样加热熔化过程中，可控升降温电炉的温度不宜升得太高，以防金属氧化。

② 在试样降温过程中，必须使系统处于或非常接近于相平衡状态，冷却速度不能太快，最好使冷却速度保持在 6～8℃/min，以防步冷曲线转折点不明显。

③ 在实验过程中，可以适当搅拌样品，以防出现过冷现象。如果出现明显的过冷现象，应待温度回升出现平台后，温度再下降时，才能结束记录。

七、数据记录及处理

1. 数据记录

将不同组成的试样的温度-时间实验数据记录在表 2.6.1 中。

表 2.6.1　不同组成的试样的温度-时间实验数据

t/min	T/℃				
	$w_{Bi}=0$	$w_{Bi}=30\%$	$w_{Bi}=58\%$	$w_{Bi}=80\%$	$w_{Bi}=100\%$
1					
2					
3					
4					
5					
...					

2. 数据处理

① 以温度 T 为纵坐标，时间 t 为横坐标，作温度-时间曲线，即步冷曲线。

② 利用所得的步冷曲线，绘制 Bi-Sn 二组分合金相图，并标注出相图中各区域的相平衡。

③ 从二组分合金相图中找出 Bi-Sn 系统的低共熔温度和低共熔点混合物的组成。

八、思考题

1. 什么是热分析法？用热分析法绘制二组分合金相图时，应注意哪些问题？

2. 对于不同组成的混合物的步冷曲线，其水平段对应的温度值是否相同？为什么？

3. 步冷曲线各段的斜率及水平线段的长短与哪些因素有关？

4. 除可用热分析法绘制二组分合金相图外，还有哪些方法？

5. 为什么要控制冷却速度，而不能使其迅速冷却？

拓展：SWKY 数字控温仪的使用

SWKY 数字控温仪采用自整定 PID 技术，自动控温，恒温效果好；测量、控制数据双显示；键入式温度设定，操作简单方便；能与计算机连接，实现仪器与计算机的数据通信。控制温度范围为 0～650℃（可扩展范围），温度测量分辨率为 0.1℃。

1. SWKY 数字控温仪前面板和背板示意图分别如图 2.6.5 和图 2.6.6 所示。

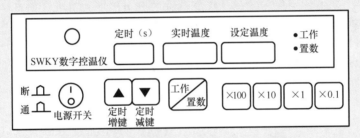

图 2.6.5　SWKY 数字控温仪前面板示意图

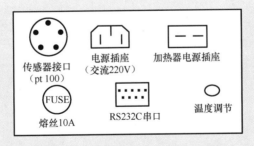

图 2.6.6　SWKY 数字控温仪背板示意图

2. 使用方法

① 将传感器（pt 100）、加热器连接线分别与背板的传感器接口、加热器电源插座对应连接。

② 将交流 220V 电源接入背板上的电源插座。

③ 将传感器插入被测物中。

④ 打开电源开关，显示初始状态。此时，实时温度显示一般为室温，"置数"指示灯亮。

⑤ 设置控制温度。按"工作/置数"键，"置数"指示灯亮。依次按"×100""×10""×1""×0.1"设置"设定温度"的百位、十位、个位及小数位的数字，每按一次，显示数值从 0～9 依次递增，直至设置到所需的温度数值。设置完毕，再按"工作/置数"键，转换到"工作"状态，"工作"指示灯亮，仪器进行加热（注意在"置数"状态时，仪器不进行加热）。

⑥ 如需手工记录数据，可按"工作/置数"键，"置数"指示灯亮，按定时增键"▲"或定时减键"▼"设置所需的定时时间，其有效调节范围为 10～99s。时间倒数至零时，蜂鸣器鸣叫，鸣叫时间为 2s。若无须定时，将时间调至 00～09s。时间设置完毕，再按"工作/置数"键，切换到"工作"状态，"工作"指示灯亮。

⑦ 仪器使用结束后，关闭电源开关。

3. 注意事项

① 不宜将仪器放置在有水或过于潮湿的环境中，应置于阴凉通风、无腐蚀性气体的场所。

② 不宜将仪器放置在高温环境中，并且应避免靠近发热源，如电暖气或炉子等。

③ 传感器和仪表必须配套使用（传感器探头编号和仪表的出厂编号应一致），以保证温度测量的准确度。

④ 将传感器探头插入接口时，要对准槽口，并将锁紧箍推上，锁紧；卸下时，将锁紧箍后拉，方可卸下。

⑤ 加热器电源插座须对准槽口插入，切勿接反。

实验七　差热分析

一、实验目的

1. 了解差热分析仪的工作原理及使用方法。

2. 学会用差热分析仪测定 $CuSO_4 \cdot 5H_2O$ 的差热分析图，并掌握定性解释差热图谱的基本方法。

差热分析(一)

二、预习要求

1. 了解差热分析的基本原理及定性处理的基本方法。

2. 掌握差热分析仪的使用方法，了解影响差热分析的因素。

三、实验原理

物质在加热或冷却过程中，当达到某一温度时，往往会发生熔化、凝固、晶型转变、分解、化合、吸附、脱附等物理变化或化学变化，并伴有吸热或放热的现象，因而产生热效应。差热分析（differential thermal analysis，DTA）就是利用这一特点，在同一加热条件下，测定试样和参比物（在整个测定的温度范围内保持良好的热稳定性，没有任何热效应产生）之间的温差 ΔT，通过分析 ΔT 与温度 T 或时间 t 之间的函数关系，得到热力学和热动力学方面的数据，再结合其他测定手段，就可对物质的组成、结构或热效应原理进行研究。

差热分析装置的原理如图 2.7.1 所示。装置组成包括加热炉、温度程序控制单元、稳压电源、差热信号放大器和记录仪（或计算机数据采集系统）等。把热电偶分别插入试样 S 和参比物 R 的中心，试样的温度 T 和试样与参比物的温差 ΔT 分别可以由测温热电偶和差热电偶测得。

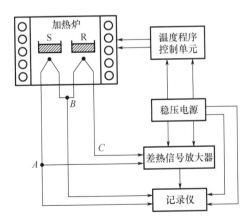

图 2.7.1　差热分析装置的原理

试样与参比物之间的温差 ΔT 随时间 t 变化的曲线是典型的差热分析曲线，如图 2.7.2 所示。当试样 S 没有热效应发生时，组成差热电偶的两支热电偶分别测出的温度 T_S 和 T_R 相同，即热电势值相同，但符号相反，所以差热电偶的热电势差为零，表现出 $\Delta T = T_S - T_R = 0$。记录仪记录的 ΔT 保持为零的水平直线段称为基线，如图 2.7.2 中的线段 AB、

DE、*GH* 所示。当试样 S 有热效应发生时，$T_S \neq T_R$，即差热电偶的热电势差不等于零，表现出 $\Delta T \neq 0$，于是记录仪上就会出现一个差热峰。当热效应是吸热时，$\Delta T < 0$，吸热峰向下，如图 2.7.2 中 *BCD* 段所示；当热效应是放热时，$\Delta T > 0$，放热峰向上，如图 2.7.2 中 *EFG* 段所示。当试样 S 的热效应结束后，T_S 和 T_R 趋于一致，ΔT 恢复为零，曲线均返回基线位。

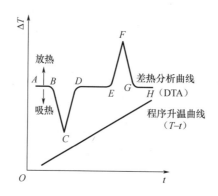

图 2.7.2　典型的差热分析曲线

从差热分析曲线上可清晰地看到差热峰的数目、位置、方向、宽度、高度、对称性及面积等。差热峰的数目表示物质发生物理化学变化的次数；差热峰的位置表示物质发生物理化学变化的转化温度和峰值温度；差热峰的方向表示系统发生热效应的正负性，即吸热峰为负峰，放热峰为正峰；差热峰的面积表示热效应的大小，相同条件下，面积大的表示热效应也大。在相同的测定条件下，许多物质的差热分析曲线具有特征性。因此，可通过与已知的差热分析曲线比较来鉴别试样的种类、相变温度及热效应等物理化学性质。理论上可通过测量差热峰的面积对物质进行定量分析，但因影响差热分析的因素较多，难以保证定量分析的准确性。

四、仪器、试剂与装置

仪器：ZCR 差热分析仪、镊子、坩埚、天平。

试剂：α-Al_2O_3（A.R.）、$CuSO_4 \cdot 5H_2O$（A.R.）。

差热分析实验装置示意图如图 2.7.3 所示。

五、实验步骤

1. 仪器准备

开启仪器电源开关，预热仪器；开启计算机开关。

2. 装填试样

用天平称量试样 $CuSO_4 \cdot 5H_2O$ 和参比物 α-Al_2O_3 各 6～7mg（二者质量差不超过 1mg）。称好试样后，分别放入干净的坩埚中，然后将两个坩埚分别放在试样架和参比物架上（注意不要放反）。整个实验过程中，不能用手直接接触坩埚，须用镊子取放，并用配套的勺子盛取试样。放好样品后，合上炉体。

3. 开通冷却水

用橡胶管将冷却水接口与自来水连接，开通冷却水。

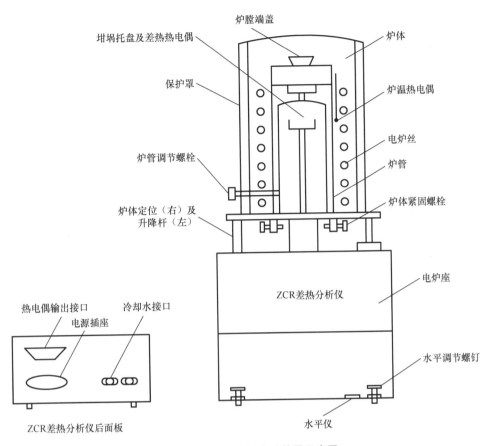

图 2.7.3　差热分析实验装置示意图

4. 设置参数

开启仪器及计算机，打开差热分析软件，设置起始温度、峰顶温度、升温速率、保温时间等仪器参数，并输入试样的名称、质量、编号等其他操作参数。

5. 采集数据

参数设置完毕后，开始实验，系统进入数据采集状态。待图中出现 3 个脱水峰后，温度曲线趋于平稳，停止实验，保存实验数据，用差热分析软件进行数据处理。

6. 实验完毕

关闭加热炉电源开关。由于坩埚温度较高，因此不必取出，待炉体冷却后，关闭差热分析仪电源。

六、实验指导

1. 实验流程

2. 注意事项

① 试样与参比物的研磨粒度应大致相同，两者装入坩埚中的紧实程度应基本一致。

② 试样坩埚和参比物坩埚放入加热炉的位置应正确。应轻拿轻放坩埚，减少天平晃动。

③ 加热炉通电前应通入冷却水。

④ 控制升温速率，以免出现测量误差。

⑤ 坩埚周围温度较高，取放时应注意安全。

七、数据记录及处理

1. 数据记录

将保存的实验数据记录在表 2.7.1 中。

表 2.7.1　实验数据

样品	$CuSO_4 \cdot 5H_2O$		
峰号	1	2	3
起始温度			
峰顶温度			

2. 数据处理

① 用差热分析软件进行数据处理。

② 指出试样脱水过程中出现热效应的次数，粗略估算各差热峰的面积，讨论各差热峰所对应的可能变化。

八、思考题

1. 差热分析为什么要用参比物？对参比物有什么要求？

2. 为什么要控制升温速率？升温过快或过慢分别有什么影响？

3. 为什么升温过程中即使试样没有发生变化也会出现温差？

第二节 电 化 学

实验八 希托夫法测定离子迁移数

一、实验目的

1. 掌握希托夫法测定电解质溶液中离子迁移数的基本原理和方法。
2. 测定 $CuSO_4$ 溶液中 Cu^{2+} 和 SO_4^{2-} 的迁移数。

二、预习要求

1. 预习离子迁移数的概念，了解离子迁移数的测定方法。
2. 预习并理解希托夫法测定离子迁移数的基本原理和方法。
3. 了解电量计的原理及使用方法。

三、实验原理

当电流通过电解质溶液时，溶液中的正、负离子分别向阴、阳两极迁移，并在电极上发生氧化、还原反应。整个导电任务是由带电荷的正、负离子共同承担的，通过溶液的总电量等于正、负离子迁移的电量之和。阿伦尼乌斯的电离理论认为：正、负离子各自的迁移速率不同，所带电荷不同，它们在迁移电量时所承担的份额不同，在溶液中传导电量的能力也不同。离子迁移数是用来表示电解质溶液中不同离子传导电量的能力，每种离子所传导的电量与通过溶液的总电量之比称为该离子在此溶液中的迁移数，用符号 t 表示。正、负离子迁移数分别为

希托夫法测定离子迁移数（一）

希托夫法测定离子迁移数（二）

$$t_+ = \frac{Q_+}{Q} \tag{2.8.1}$$

$$t_- = \frac{Q_-}{Q} \tag{2.8.2}$$

式中，Q 为通过溶液的总电量；Q_+ 和 Q_- 分别为正、负离子各自迁移的电荷量。

而且有

$$t_+ + t_- = \frac{Q_+}{Q} + \frac{Q_-}{Q} = 1 \tag{2.8.3}$$

离子迁移数受浓度、温度、溶剂的性质的影响。如果增加某种离子的浓度，则该离子传递电量的百分数增加，离子迁移数也相应增加。温度改变，离子迁移数也会发生变化，但温度升高正负离子的迁移数差别较小。同一种离子在不同电解质中的迁移数也是不同的。

测定离子迁移数的方法有希托夫法、界面移动法和电动势法。希托夫法测定离子迁移数的原理是根据电解前后两极区内电解质浓度的变化和电量计所测得的通过溶液的总电量来求离子的迁移数的。

希托夫法测定离子迁移数的实验中，在迁移管中装入已知浓度的电解质溶液，将整个电解池分为阳极区、阴极区和中间区三部分。接通电源，让合适的电流通过电解质溶液，正、负离子分别向阴、阳两极迁移，同时在电极上发生电化学反应，导致电极附近离子浓度不断变化，迁移管的结构使中间区浓度在一定时间内基本不变。通电一段时间后，小心

收集阳极区（或阴极区）的溶液，并进行称量和分析。根据阳极区（或阴极区）溶液的浓度变化及电量计所测得的通过溶液的总电量，可以算出离子的迁移数。

以 $CuSO_4$ 溶液为例，在迁移管中，两极均为铜电极。通电时，溶液中的 Cu^{2+} 在阴极上发生还原反应析出 Cu，而在阳极上金属铜溶解生成 Cu^{2+}。对于阳极，通电时一方面阳极区有 Cu^{2+} 迁出，另一方面阳极上金属铜溶解生成 Cu^{2+} 进入阳极区，因而有

$$n_{电解后} = n_{电解前} + n_{反应} - n_{迁移} \tag{2.8.4}$$

整理得到

$$n_{迁移} = n_{电解前} + n_{反应} - n_{电解后} \tag{2.8.5}$$

式中，$n_{迁移}$ 为迁移出阳极区的 Cu^{2+} 的物质的量；$n_{电解前}$ 为电解前阳极区所含 Cu^{2+} 的物质的量；$n_{电解后}$ 为电解后阳极区所含 Cu^{2+} 的物质的量；$n_{反应}$ 为电解反应时阳极上金属铜溶解生成 Cu^{2+} 的物质的量，根据法拉第定律，它也等于铜电量计阴极上析出铜的物质的量。

分别滴定分析阳极区 Cu^{2+} 的 $n_{电解前}$ 和 $n_{电解后}$，再根据铜电量计通电前后电极质量的变化求出 $n_{反应}$，最后由式（2.8.1）可得

$$t_{Cu^{2+}} = \frac{n_{迁移}}{n_{反应}} \tag{2.8.6}$$

$$t_{SO_4^{2-}} = 1 - t_{Cu^{2+}} \tag{2.8.7}$$

因此，希托夫法测定离子的迁移数至少包括以下两个假定。

① 传输电荷的只是电解质的离子，溶剂水不导电。

② 不考虑离子水化现象，否则离子会带水迁移，而正、负离子所带水量不一定相同，电极区电解质的浓度就要考虑水迁移所引起的改变。这种不考虑离子水化现象所测得的迁移数称为希托夫迁移数。

四、仪器、试剂与装置

仪器：迁移管、铜电量计、分析天平、台秤、直流稳压电源、直流毫安表、碱式滴定管（100mL）、锥形瓶、移液管（10mL）、铁架台、滴管。

试剂：硫酸铜电解液（100mL 水中含 15g $CuSO_4 \cdot 5H_2O$、5mL 浓硫酸和 5mL 无水乙醇）、$CuSO_4$ 溶液（0.05mol/L）、KI 溶液（10%）、淀粉指示剂（0.5%）、$Na_2S_2O_3$ 标准溶液（0.0500mol/L）、HAc（1mol/L）、无水乙醇（A.R.）、HNO_3 溶液（1mol/L）。

希托夫法测定离子迁移数实验装置示意图如图 2.8.1 所示。

五、实验步骤

1. 准备装置与电极

① 用水洗净迁移管，打开活塞 A、B，用 0.05mol/L 的 $CuSO_4$ 溶液荡洗两次（迁移管活塞下端也要荡洗）。先装入 $CuSO_4$ 溶液并保证管中无气泡，然后安装到迁移管固定架上。用金相砂纸打磨电极表面，用 $CuSO_4$ 溶液淋洗后将其装入迁移管中，将迁移管中液面调至中部 U 形管拐弯口上部位置。

② 将铜电量计中阴极铜片取下（铜电量计有 3 片铜片，中间那片为阴极），先用金相砂纸打磨，然后放入 1mol/L 的 HNO_3 溶液浸洗，除掉表面氧化层，并用蒸馏水洗净，再用无水乙醇淋洗并吹干（注意温度不能太高），在分析天平上称重，质量记为 m_1，最后将其装入盛有 $CuSO_4$ 电解液的铜电量计中。

③ 按图 2.8.1 所示连接好装置（注意铜电量计中的阴、阳极切勿接错）。

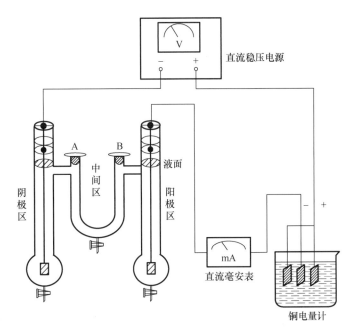

图 2.8.1　希托夫法测定离子迁移数实验装置示意图

2. 滴定分析 $CuSO_4$ 原液

准确移取 $CuSO_4$ 原液 20mL，然后加入 10mL 10% 的 KI 和 10mL 1mol/L 的 HAc 溶液，用 0.0500mol/L 的 $Na_2S_2O_3$ 标准溶液滴定至溶液呈浅黄色，再加入 1mL 淀粉指示剂，继续滴定至蓝色刚好消失，记下所消耗的 $Na_2S_2O_3$ 标准溶液的体积。

3. 电解

接通直流稳压电源，调节电流强度为 18～20mA，连续通电 90min（注意通电时电流要稳定）。

4. 称重各区溶液

停止通电后，立即关闭活塞 A、B，取 3 只干燥洁净的锥形瓶，准确称重（精确至 0.1mg），取中间区、阴极区及阳极区溶液（先取中间区的溶液，再分别取阴极区和阳极区的溶液），称重并记录数据。

5. 滴定分析各区溶液

按步骤 2 的方法对各锥形瓶中的各区溶液进行滴定。

6. 称重阴极铜片

取下铜电量计中的阴极铜片，用去离子水洗净，再用无水乙醇淋洗并吹干，在分析天平上称重，质量记为 m_2。

7. 比较分析结果

比较中间区溶液和 $CuSO_4$ 原液的分析结果，如果差距较大，说明实验条件、溶液分区比例、电解操作、取液操作或滴定可能出现了问题，须重做实验。

8. 实验完毕

回收铜电量计中剩余的 $CuSO_4$ 溶液，小心洗净迁移管和铜电量计。

六、实验指导

1. 原理思路（以 $CuSO_4$ 溶液中阳极区 Cu^{2+} 为例）

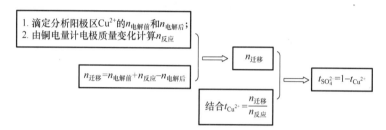

2. 实验流程

3. 注意事项

① 实验中的铜电极必须是纯度为 99.999% 的电解铜。

② 实验过程中凡是能引起溶液扩散、搅动的因素必须避免，因为迁移管及电极表面不能有气泡，两极上的电流密度不能太大。

③ 本实验由铜电量计的增重计算电量，因此准备及称重步骤都很重要，必须仔细进行。

④ 加入 KI 溶液后，析出 I_2 的速度很快，故应立即进行滴定。

七、数据记录及处理

1. 数据记录

电流强度 I/A：_____，通电时间 t/s：_____，
$Na_2S_2O_3$ 标准溶液浓度 $c/(mol/L)$：_____，通电前阴极铜片质量 m_1/g：
_____，通电后阴极铜片质量 m_2/g：_____。

将通电后相关实验数据记录在表 2.8.1 中。

表 2.8.1 通电后相关实验数据

电解池	锥形瓶 m/g		溶液质量 $\Delta m/g$	$Na_2S_2O_3$ 溶液 V/mL			溶液中水的质量/g	溶液中 $CuSO_4$ 的质量/g
	$m_{空瓶}$	$m_{总}$		$V_{前}$	$V_{后}$	ΔV		
中间区								
阴极区								
阳极区								

2. 数据处理

① 根据铜电量计阴极铜片在通电前后的质量变化，计算阳极金属铜溶解生成 Cu^{2+}

的 $n_{反应}$。

② 根据 $CuSO_4$ 原液和中间区溶液滴定分析的数据，计算原液和中间区溶液中所含 $CuSO_4$ 的质量并进行比较，两者差距大，实验须重做。

③ 根据阳极区溶液滴定分析的数据，计算通电后阳极区溶液中水的质量、$CuSO_4$ 的质量和 $n_{电解后}$。

④ 根据通电前阳极区溶液浓度与原液浓度及通电前后中间区溶液浓度相同，通电前后阳极区水的质量不变，计算通电前阳极区所含 $CuSO_4$ 的质量和 $n_{电解前}$。

⑤ 根据式（2.8.5）计算 $n_{迁移}$，根据式（2.8.1）计算 t_+，根据式（2.8.3）计算 t_-。

八、思考题

1. 通过铜电量计阴极的电流密度为什么不能太大？

2. 通电前后中间区溶液的浓度改变，这说明什么？如何防止此现象发生？为什么其浓度改变显著须重做实验？

3. 0.1mol/L 的 KCl 溶液和 0.1mol/L 的 NaCl 溶液中的 Cl^- 迁移数是否相同？为什么？

实验九　电导率的测定及其应用

电导率仪及其应用

一、实验目的

1. 掌握电导法测定弱电解质溶液的电导率，并计算弱电解质的电离平衡常数。

2. 巩固溶液电导、电导率及摩尔电导率的基本概念。

3. 掌握电导率仪的使用方法。

二、预习要求

1. 了解溶液电导、电导率和摩尔电导率的基本概念。

2. 了解电导法测定弱电解质的电离平衡常数的原理和方法。

三、实验原理

电解质溶液靠正、负离子的迁移来传导电流，其导电能力与离子所带的电荷、电导水的温度及溶液的浓度有关。电解质溶液的导电能力可用电导 G 来表示，即

$$G = \frac{1}{R} = \kappa \frac{A}{l}$$

式中，κ 为电导率，其物理意义是电极面积各为 $1\,m^2$、两电极相距 $1\,m$ 时溶液的电导，其单位是 S/m。κ 与溶液的浓度 c 之比为摩尔电导率 Λ_m，即

$$\Lambda_m = \frac{\kappa}{c}$$

式中，溶液的浓度 c 的单位是 mol/L，摩尔电导率 Λ_m 的单位是 $S \cdot m^2/mol$。

对于弱电解质来说，无限稀释时的摩尔电导率 Λ_m^∞ 反映了该电解质全部电离且离子间没有相互作用力时的导电能力；而一定浓度下的摩尔电导率 Λ_m 反映的是部分电离且离子间存在一定相互作用力时的导电能力。如果弱电解质的电离度比较小，电离产生的离子浓度较低，离子间作用力可以忽略不计，那么 Λ_m 与 Λ_m^∞ 的差别就可以近似看成由部分电离与全部电离产生的离子数目不同所致，所以弱电解质的电离度 α 可表示为

$$\alpha = \frac{\Lambda_m}{\Lambda_m^\infty} \tag{2.9.1}$$

根据电离平衡理论，AB 型弱电解质在溶液中达到电离平衡时，其电离平衡常数 K_c 与浓度 c 和电离度 α 的关系为

$$K_c = \frac{c\alpha^2}{1-\alpha} \tag{2.9.2}$$

将式（2.9.1）代入式（2.9.2），得到

$$K_c = \frac{c\Lambda_m^2}{\Lambda_m^\infty(\Lambda_m^\infty - \Lambda_m)} \tag{2.9.3}$$

式（2.9.3）称为奥斯特瓦尔德稀释定律。

整理式（2.9.3），可得

$$c\Lambda_m = K_c(\Lambda_m^\infty)^2 \frac{1}{\Lambda_m} - K_c\Lambda_m^\infty \tag{2.9.4}$$

从式（2.9.4）可以看出，在一定温度下，由实验测得弱电解质溶液不同浓度 c 对应的

Λ_m，以 $c\Lambda_m$ 对 $\dfrac{1}{\Lambda_m}$ 作图，得一条直线，其斜率为 $K_c(\Lambda_m^\infty)^2$，截距为 $K_c\Lambda_m^\infty$。由此可计算出 Λ_m^∞ 和 K_c 值。

四、仪器、试剂与装置

仪器：ZHFY-ⅢC乙酸乙酯皂化反应装置、恒温槽、电导池、电导电极、容量瓶（100mL）、移液管（25mL、50mL）、洗瓶、洗耳球。

试剂：HAc标准溶液（0.1000mol/L）、电导水。

电导率的测定及其应用实验装置示意图如图2.9.1所示。

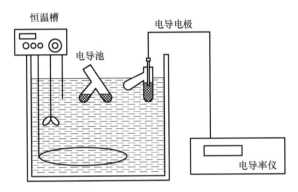

图 2.9.1　电导率的测定及其应用实验装置示意图

五、实验步骤

1. 调整恒温槽温度

调整恒温槽温度为（25±0.1）℃。

2. 准备仪器

连接电导率仪，开机预热15min，校正仪器。

3. 测定电导水的电导率

用50mL移液管准确移取50mL电导水，恒温后测定其电导率。重复测定3次，每次测定前应校正仪器。

4. 测定溶液的电导率

将电导池洗净并干燥后，用50mL移液管准确移取50mL 0.1000mol/L的HAc标准溶液于电导池中，恒温后按电导水电导率的测定方法测定其电导率。测定完成后，用移取HAc的专用移液管（25mL）从电导池中移出25mL溶液，弃去，再用移取电导水的专用移液管（25mL）取25mL电导水移入电导池中，混合均匀，恒温后测定其电导率3次。

如此，再稀释4次，每次稀释后应搅拌均匀，重复测定其导电率3次，每次测定前应校正仪器。也可事先配制好浓度为 c、$c/2$、$c/4$、$c/8$、$c/16$、$c/32$ 的溶液（c 为HAc标准溶液的浓度），再依次测定其电导率。

5. 实验完毕

断开电源开关，取下电导电极并清洗干净，整理实验台。

六、实验指导

1. 原理思路

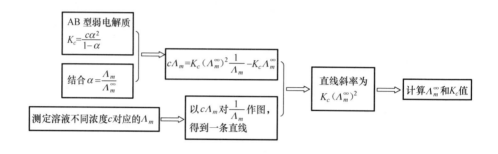

2. 实验流程

3. 注意事项

① 普通蒸馏水常溶有 CO_2、NH_3 等杂质，所以存在一定电导。因此做电导实验时，需要纯度较高的水（电导水）。电导水的制备方法为：在蒸馏水中加入高锰酸钾，用石英或玻璃蒸馏器再蒸馏一次。

② 温度对电导有较大的影响，所以整个实验必须在同一温度下进行。每次稀释溶液用的电导水温度必须相同，可以预先把电导水装入三角烧瓶，置于恒温槽中恒温。

③ 电导电极镀铂黑的目的在于减小极化现象和增加电极表面积，使其在测定电导率时有较高的灵敏度。铂黑电极在不使用时应保存在电导水中，不可使之干燥。擦拭电极时切勿触碰铂黑片。

七、数据记录及处理

1. 数据记录

将电导水的电导率 κ 值和不同浓度 HAc 溶液的电导率 κ 值分别记录在表 2.9.1 和表 2.9.2 中。

表 2.9.1　电导水的电导率 κ 值

电导水的电导率	第 1 次	第 2 次	第 3 次	平均值
$\kappa/(\mathrm{S}\cdot\mathrm{m}^{-1})$				

表 2.9.2　不同浓度 HAc 溶液的电导率 κ 值

浓度 $c/(\text{mol} \cdot \text{L}^{-1})$	$\kappa/(\text{S} \cdot \text{m}^{-1})$			
	第 1 次	第 2 次	第 3 次	平均值
c				
$c/2$				
$c/4$				
$c/8$				
$c/16$				
$c/32$				

2. 数据处理

① 根据不同浓度 HAc 溶液及电导水的电导率值，计算不同浓度 HAc 溶液的摩尔电导率 Λ_m，并将相应的数值填入表 2.9.3 中。

表 2.9.3　HAc 溶液相关实验数据

$c/(\text{mol} \cdot \text{L}^{-1})$	$\kappa/(\text{S} \cdot \text{m}^{-1})$（平均值）	$\kappa'/(\text{S} \cdot \text{m}^{-1})$	$\Lambda_m/(\text{S} \cdot \text{m}^2 \cdot \text{mol}^{-1})$	$(1/\Lambda_m)/(\text{S}^{-1} \cdot \text{m}^{-2} \cdot \text{mol})$	$c\Lambda_m/(\text{S} \cdot \text{m}^{-1})$
c					
$c/2$					
$c/4$					
$c/8$					
$c/16$					
$c/32$					

注：κ 为不同浓度 HAc 溶液的电导率的平均值，κ' 为除去同温下电导水的电导率 $\kappa_{\text{H}_2\text{O}}$ 后的数值，即 $\kappa' = \kappa - \kappa_{\text{H}_2\text{O}}$。

② 以 $c\Lambda_m$ 对 $\dfrac{1}{\Lambda_m}$ 作图，其斜率为 $K_c(\Lambda_m^\infty)^2$，截距为 $K_c\Lambda_m^\infty$。由此计算出 Λ_m^∞ 和 K_c 值。

八、思考题

1. 本实验为何要测电导水的电导率？

2. 实验中为何选用镀铂黑电极测定？此电极使用过程中应注意哪些事项？

拓展：ZHFY-ⅢC乙酸乙酯皂化反应装置的使用

1. ZHFY-ⅢC乙酸乙酯皂化反应装置面板

ZHFY-ⅢC乙酸乙酯皂化反应装置前面板示意图如图2.9.2所示。

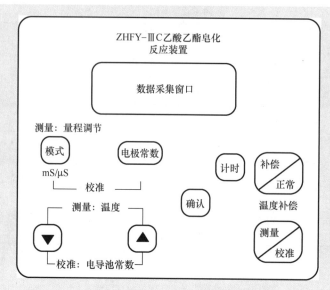

图 2.9.2　ZHFY-ⅢC 乙酸乙酯皂化反应装置前面板示意图

2. ZHFY-ⅢC 乙酸乙酯皂化反应装置使用方法

① 将电极插头插入电极插座，接通电源，预热仪器 15min。

② 按"测量/校准"键，将仪器切换到校准状态。

a. 电动势校准。按"模式"键，待数据采集窗口中第一行显示"mS"后，等待示数稳定，按"确认"键，使标识"未存"变为"已存"；再按"模式"键，待第一行显示"μS"后，等待示数稳定，按"确认"键，使标识"未存"变为"已存"。

b. 电导池常数校准。观察测量电极所标示的电导池常数，按"▲"键或"▼"键，使数据采集窗口中第二行显示数字与之对应，按"确认"键，第二行显示"已存"，保存电导池常数（如电极上标示为 0.990，则调节至仪器显示 990）。

c. 电极常数校准。观察测量电极所标示的电极常数，一般光亮电极的电极常数值为 0.1，铂黑电极的电极常数值为 1 或 10，按"电极常数"键，使数据采集窗口中第三行显示值与电极标示值一致，按"确认"键，使第三行显示"已存"，保存电极常数。

校准结束，再按"测量/校准"键，返回测量状态。

③ 若实验需要温度补偿，按"补偿/正常"键，进行温度补偿。

④ 若实验需要调整量程，使仪器处于测量状态，按"模式"键，直到显示为所需要的量程范围。

实验十 原电池电动势的测定及其应用

一、实验目的

1. 掌握对消法测定原电池电动势的基本原理。

2. 掌握电位差计的使用方法。

3. 学会一些电极及盐桥的制备方法。

4. 测定氯化银的溶度积。

原电池电动势的测定及其应用

二、预习要求

1. 理解可逆电极、可逆电极电势、可逆电池电动势的概念。

2. 了解电位差计、标准电池和检流计的使用方法及注意事项。

3. 了解对消法测定原电池电动势的基本原理和方法。

三、实验原理

原电池电动势的测定在物理化学实验中占有重要地位，应用十分广泛。由化学热力学可知，在恒温、恒压、可逆条件下，电池反应的 $\Delta_r G_m$ 与电动势的关系为

$$\Delta_r G_m = -nFE \tag{2.10.1}$$

式中，n 为电池反应转移的电子数；F 为法拉第常数；E 为原电池的电动势。

测出原电池的电动势 E 后，就可求得 $\Delta_r G_m$，通过 $\Delta_r G_m$ 又可求出其他热力学函数，如平衡常数、离解常数、溶解度、络合常数、酸碱度、电解质活度及活度系数，以及某些热力学函数的改变量等。

原电池是化学能转变为电能的装置，在电池放电反应中，正极发生还原反应，负极发生氧化反应。原电池的电动势等于组成电池的两个电极电势的差值，即

$$E = \varphi_+ - \varphi_- \tag{2.10.2}$$

式中，E 是原电池的电动势；φ_+、φ_- 分别代表正、负极的电极电势。其中

$$\varphi_+ = \varphi_+^\ominus - \frac{RT}{nF} \ln \frac{a_{还原}}{a_{氧化}} \tag{2.10.3}$$

$$\varphi_- = \varphi_-^\ominus - \frac{RT}{nF} \ln \frac{a_{还原}}{a_{氧化}} \tag{2.10.4}$$

式中，$\varphi_+^\ominus$、$\varphi_-^\ominus$ 分别代表正、负极的标准电极电势；a 为电解质溶液的活度，可以由此得出电解质溶液的活度系数。

原电池的电动势不能用伏特计直接测量，因为把原电池与伏特计接通后，原电池放电，发生化学反应，在构成的电路中有电流通过，原电池中溶液的浓度不断变化，所以原电池的电动势也不断变化，测得的电动势数据不稳定，而且原电池本身也存在内电阻，E 为

$$E = IR + Ir \tag{2.10.5}$$

式中，I 为伏特计中通过的电流；R 为回路电阻；r 为原电池内电阻。

伏特计测出的只是两极上的电位差，即原电池的工作电压，工作电压为

$$V = IR = E - Ir \tag{2.10.6}$$

式中，V 为伏特计读数。

当有电流通过电路时，一方面 I 不可能为零，则 V 不等于 E；另一方面原电池的平衡状态被破坏，此时不是可逆过程，伏特计测得的 V 仅是不可逆电池的端电压。用对消法可达到测量原电池电动势的目的，其原理是用一个数值相等、方向相反的电势差来对抗待测原电池的电动势，此时电路中无电流通过，其原理如图 2.10.1 所示。

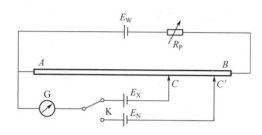

图 2.10.1　对消法测原电池电动势的原理

图 2.10.1 中，均匀电阻丝的长度为 AB，工作电池 E_W 与电阻丝构成通路，在 AB 段产生均匀的电位降。开关 K 与待测电池 E_X 接通时，E_X 正极与工作电池的正极连接，负极则接到滑动接头上，这样就等于在电池的外电路上加上一个方向相反的电位差，它的大小由滑动点的位置来决定。移动滑动点的位置，发现在某一点（如 C 点）时检流计中没有电流通过，此时 E_X 的电动势恰好和 AC 段所代表的电位差在数值上相等而方向相反。为了求得 AC 段的电位差，将开关 K 与标准电池 E_N 接通，E_N 的电动势是已知的，用同样方法可以找出另一点 C'，使检流计中没有电流通过，AC' 段的电位差就等于 E_N。因为电位差与电阻线的长度成正比，所以待测电池 E_X 的电动势为

$$E_X = E_N \frac{AC}{AC'} \tag{2.10.7}$$

电位差计就是利用对消法原理测定电动势的仪器，其主要部件为阻值精确且均匀的电阻（图 2.10.1 中的 AB 段）。用电位差计测量 E_X 前必须对其读数进行校准，即仪器标准化，标准化过程需要标准电池，常用的是韦斯顿标准电池，其特点是电动势稳定，其随温度变化关系式为

$$E_t = 1.0186 - 4.06 \times 10^{-5}(t-20) - 9.5 \times 10^{-7}(t-20)^2 \tag{2.10.8}$$

另外，当两种电极的不同电解质溶液接触时，在溶液的界面上总有液体接界电势存在，从而影响电动势测定的准确性。因此，在测定原电池电动势时，常用盐桥使原来产生液体接界电势的两种溶液彼此不直接接触，以降低液体接界电势，使其可以忽略不计。

通过对原电池电动势的测定，可以求得难溶盐的溶度积。例如，利用电动势法求 AgCl 的溶度积，需设计如下原电池

$$(-)\,Ag(s)\,|\,AgCl(s)\,|\,KCl(b)\,\|\,AgNO_3(b')\,|\,Ag(s)\,(+)$$

该电池的负极反应为

$$Ag(s) + Cl^-(b) \longrightarrow AgCl(s) + e^-$$

正极反应为

$$Ag^+(b') + e^- \longrightarrow Ag(s)$$

总电池反应为

$$Ag^+(b') + Cl^-(b) \longrightarrow AgCl(s)$$

原电池电动势为

$$E = E^{\ominus} - \frac{RT}{nF} \ln \frac{1}{a(Ag^+)a(Cl^-)} \tag{2.10.9}$$

因为

$$\Delta_r G_m^{\ominus} = -nFE^{\ominus} = -RT \ln \frac{1}{K_{sp}^{\ominus}} \tag{2.10.10}$$

$n = 1$，所以

$$E^{\ominus} = \frac{RT}{F} \ln \frac{1}{K_{sp}^{\ominus}} \tag{2.10.11}$$

将式（2.10.11）代入式（2.10.9），有

$$\ln \frac{1}{K_{sp}^{\ominus}} = \ln a(Ag^+)a(Cl^-) - \frac{EF}{RT} \tag{2.10.12}$$

若已知银离子和氯离子的活度，只要测得原电池的电动势 E，就可通过式（2.10.12）求得 AgCl 的溶度积 $K_{sp}^{\ominus}$。

四、仪器、试剂与装置

仪器：SDC-Ⅱ数字电位差综合测试仪、半电池管、小烧杯、饱和甘汞电极、银电极、银-氯化银电极、锌电极、铜电极。

试剂：ZnSO$_4$ 溶液（0.100mol/L）、CuSO$_4$ 溶液（0.100mol/L）、KCl 饱和溶液、KCl 溶液（0.100mol/L）、AgNO$_3$ 溶液（0.100mol/L）、NH$_4$NO$_3$ 饱和溶液、H$_2$SO$_4$ 溶液（6mol/L）、HNO$_3$ 溶液（3mol/L）、汞液。

原电池电动势的测定及其应用（以 Cu-Zn 原电池为例）实验装置示意图如图 2.10.2 所示，Ag-AgCl 原电池装置示意图如图 2.10.3 所示。

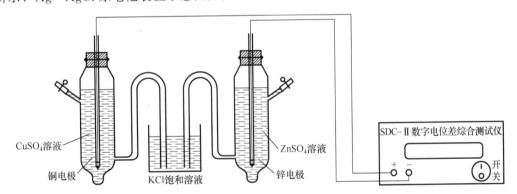

图 2.10.2　原电池电动势的测定及其应用（以 Cu-Zn 原电池为例）实验装置示意图

五、实验步骤

1. 按室温计算如下三种原电池的电动势

原电池（1）：$(-)Zn(s)|ZnSO_4(0.100mol/L) \parallel CuSO_4(0.100mol/L)|Cu(s)(+)$

原电池（2）：$(-)Zn(s)|ZnSO_4(0.100mol/L) \parallel Hg_2Cl_2(s)|Hg(l)(+)$

原电池（3）：$(-)Ag(s),AgCl(s)|KCl(0.100mol/L) \parallel AgNO_3(0.100mol/L)|Ag(s)(+)$

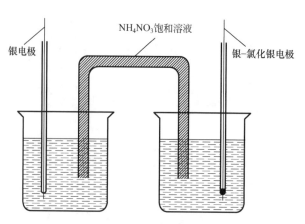

图 2.10.3　Ag‑AgCl 原电池装置示意图

2. 制备电极

（1）锌电极的制备。

将锌电极在 6mol/L H_2SO_4 溶液中浸泡片刻，取出洗净后浸入汞或饱和硝酸亚汞溶液中约 10s，表面即生成一层光亮的汞齐，以消除金属应力和表面副反应对电极电势的影响。用蒸馏水淋洗并用滤纸吸干水分（注意用过的滤纸应投入指定的有盖的广口瓶中，瓶中应有水淹没滤纸，不要乱丢），插入有 0.100mol/L $ZnSO_4$ 溶液的半电池管中待用。

（2）铜电极的制备。

将铜电极用细砂纸轻轻打磨至表面露出金属光泽，再将其放在 3mol/L HNO_3 溶液中浸泡片刻，以除去其表面的氧化层和杂质，取出洗净后插入有 0.100mol/L $CuSO_4$ 溶液的半电池管中待用。

3. 校准仪器

（1）打开 SDC‑Ⅱ 数字电位差综合测试仪电源开关，预热 15min。

（2）以内标为基准校准时，用测试线将被测电动势"＋""－"极与"测量"插孔连接，将"测量选择"旋钮置于"内标"位置；将"$\times 10^0$ V"旋钮置于"1"，"补偿"旋钮逆时针旋到底，其他旋钮置于"0"，此时"电位指示"显示"1.0000"V；待"检零指示"数值显示稳定后，按"归零"键，此时"检零指示"显示为"0.0000"，即校准结束。

4. 测定电动势

（1）用 KCl 饱和溶液作盐桥，将已制备好的锌电极、铜电极及饱和甘汞电极按图 2.10.2 所示组成原电池 1 和原电池 2；用 NH_4NO_3 饱和溶液作盐桥，将银电极和银‑氯化银电极按图 2.10.3 所示组成原电池 3。

（2）用测试线将被测电动势"＋""－"极与"测量"插孔连接，将"测量选择"旋钮置于"测量"位置；调节"$\times 10^0$ V"至"10^{-4} V"5 个旋钮，使"检零指示"显示数值为负且绝对值最小；调节"补偿"旋钮使"检零指示"显示为"0.0000"，此时"电位指示"数值即为被测电动势的值。重复测定 3 次，取平均值，并记下室温。

5. 实验完毕

将饱和甘汞电极清洗干净后套上电极保护套，装入电极盒内。将数字电位差综合测试仪复零，关闭电源开关，拔下电源插座，整理好电源连接线和标准电池，合上数字电位差综合测试仪。清洗仪器，整理实验室。

六、实验指导

1. 实验流程

2. 注意事项

① 制作盐桥时，不能留有气泡。

② 汞有毒，使用时要注意安全，清洗的汞液应回收处理。

③ 要选择最佳实验条件使电极处于平衡状态，再进行测定。一般在 15min 左右的时间内等间隔地测定 7～8 个数据，若数据在平均值附近摆动，偏差小于 ± 0.0005V，则认为电极已达平衡。

七、数据记录与处理

1. 数据记录

将原电池电动势的测定实验数据记录在表 2.10.1 中。

表 2.10.1　原电池电动势的测定实验数据

室温_____℃　大气压_____kPa

原电池	测定值 E/V			平均值 E/V
	1	2	3	
（－）Zn(s)|ZnSO₄(0.100mol/L) ‖ CuSO₄(0.100mol/L)|Cu(s)（＋）				
（－）Zn(s)|ZnSO4(0.100mol/L) ‖ Hg₂Cl₂(s)|Hg(l)（＋）				
（－）Ag(s)|AgCl(s)|KCl(0.100mol/L) ‖ AgNO₃(0.100mol/L)|Ag(s)（＋）				

2. 数据处理

① 根据所测得的原电池电动势的数据计算锌电极和铜电极的电极电势。将计算值与实验值进行比较，求出相对误差。电解质溶液的平均活度系数（25℃）见表 2.10.2。

表 2.10.2　电解质溶液的平均活度系数（25℃）

电解质溶液	0.1mol/L CuSO₄ 溶液	0.1mol/L ZnSO₄ 溶液	0.1mol/L AgNO₃ 溶液	0.01mol/L CuSO₄ 溶液	0.01mol/L ZnSO₄ 溶液	0.01mol/L AgNO₃ 溶液
平均活度系数（25℃）	0.150	0.150	0.734	0.444	0.387	0.900

铜电极的标准电极电势 $\varphi_+ = \varphi^{\ominus}_{Cu^{2+}/Cu} - \dfrac{RT}{2F}\ln\dfrac{1}{a_{Cu^{2+}}}$

锌电极的标准电极电势 $\varphi_- = \varphi^{\ominus}_{Zn^{2+}/Zn} - \dfrac{RT}{2F}\ln\dfrac{1}{a_{Zn^{2+}}}$

② 根据原电池 3 的数据计算 AgCl 的溶度积 $K_{sp}^{\ominus}$。

八、思考题

1. 为什么要用对消法测定原电池的电动势？其原理是什么？
2. 电位差计、标准电池、检流计及工作电池各有什么作用？
3. 如何使用和维护标准电池及检流计？
4. 参比电极应具备什么条件？它有什么作用？
5. 盐桥有什么作用？应选择什么样的电解质溶液作盐桥？

拓展：SDC－Ⅱ数字电位差综合测试仪的使用

1. SDC－Ⅱ数字电位差综合测试仪面板

SDC－Ⅱ数字电位差综合测试仪前面板示意图如图 2.10.4 所示。

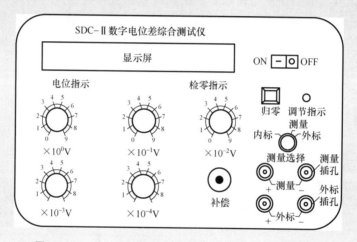

图 2.10.4　SDC－Ⅱ数字电位差综合测试仪前面板示意图

2. SDC－Ⅱ数字电位差综合测试仪使用方法

① 用电源线将仪表背板的电源插口与交流 220V 电源连接，打开电源开关，预热 15min。

② 校准与测量。

a. 以内标为基准校准时，用测试线将被测电动势"＋""－"极与"测量"插孔连接，将"测量选择"旋钮置于"内标"位置；将"×10⁰V"旋钮置于"1"，"补偿"旋钮逆时针旋到底，其他旋钮置于"0"，此时"电位指示"显示"1.0000"V；待"检零指示"数值显示稳定后，按"归零"键，此时"检零指示"显示为"0.0000"。测量时用测试线将被测电动势"＋""－"极与"测量"插孔连接；将"测量选择"旋钮置于"测量"位置，调节"×10⁰V"至"×10⁻⁴V" 5 个旋钮，使"检零指示"显示数值为负且绝对值最小；调节"补偿"旋钮使"检零指示"显示为"0.0000"，此时"电位指示"数值即为被测电动势的值。测量过程中，如果"检零指示"显示符号"OU.L"，说明"电位指示"显示的数值与被测电动势的值相差过大。

　　b. 以外标为基准校准时，将已知电动势的标准电池"＋""－"极与"外标"插孔连接；再将"测量选择"旋钮置于"外标"位置，调节"×10⁰V"至"×10⁻⁴V"5个旋钮和"补偿"旋钮，使"电位指示"数值与外标电池数值相同；待"检零指示"数值显示稳定后，按"归零"键，此时"检零指示"显示为"0.0000"，校准结束。测量时，拔出"外标"插孔的测试线，再用测试线将被测电动势"＋""－"极与"测量"插孔连接，将"测量选择"旋钮置于"测量"位置；调节"×10⁰V"至"×10⁻⁴V"5个旋钮，使"检零指示"显示数值为负且绝对值最小；调节"补偿"旋钮使"检零指示"显示为"0.0000"，此时"电位指示"数值即为被测电动势的值。

　　③ 实验结束，关闭电源开关。

3. 注意事项

　　① 仪器应置于通风、干燥、无腐蚀性气体的场所。

　　② 仪器不宜放置在高温环境，避免靠近发热源，如电暖气和炉子等。

　　③ 为保证仪器工作正常，请勿私自打开机盖进行检修，更不允许私自调整和更换元件，否则将无法保证仪器测量的准确性。

实验十一 电动势法测定化学反应的热力学函数变化值

一、实验目的

1. 掌握电动势法测定化学反应的热力学函数变化值的原理和方法。

2. 测定可逆电池在不同温度下的电动势值，计算电池反应的热力学函数变化值 $\Delta_r G_m$、$\Delta_r H_m$ 和 $\Delta_r S_m$。

原电池热力学

二、预习要求

1. 了解电动势法测定化学反应的热力学函数变化值的原理和方法。

2. 了解电池反应的热力学函数变化值的计算方法。

3. 了解相关仪器的使用和注意事项，以及实验步骤。

三、实验原理

如果原电池内进行的化学反应是可逆的，即原电池在可逆条件下工作，则此电池反应在定温定压下的摩尔反应吉布斯函数变 $\Delta_r G_m$ 和原电池的电动势 E 的关系为

$$\Delta_r G_m = -nFE \qquad (2.11.1)$$

式中，n 是电池反应中得失电子的数目；F 为法拉第常数（其值为 $96485C/mol$）。

从热力学函数关系式得

$$\Delta_r G_m = \Delta_r H_m - T\Delta_r S_m \qquad (2.11.2)$$

$$\Delta_r S_m = -\left(\frac{\partial \Delta_r G_m}{\partial T}\right)_p = nF\left(\frac{\partial E}{\partial T}\right)_p \qquad (2.11.3)$$

将式（2.11.1）和式（2.11.3）代入式（2.11.2），进行变换后可得

$$\Delta_r H_m = \Delta_r G_m + nFT\left(\frac{\partial E}{\partial T}\right)_p \qquad (2.11.4)$$

在恒定压力下，测得不同温度时可逆电池的电动势，以电动势 E 对 T 作图，从 E-T 图上可以求得某温度下的 $\left(\frac{\partial E}{\partial T}\right)_p$，根据式（2.11.1）、式（2.11.3）和式（2.11.4）即可求得某温度下电池反应的 $\Delta_r G_m$、$\Delta_r H_m$ 和 $\Delta_r S_m$。

如果电池反应中反应物和生成物的活度都是 1，测定时的温度为 298.15K，则所测定的热力学函数变化值以 $\Delta_r G_m^{\ominus}$（298.15K）、$\Delta_r H_m^{\ominus}$（298.15K）和 $\Delta_r S_m^{\ominus}$（298.15K）表示。

测定下列原电池的电动势，并得到电池反应的 $\Delta_r H_m^{\ominus}$（298.15K）和 $\Delta_r S_m^{\ominus}$（298.15K）：

$$(-)Ag(l)|AgCl(s)|KCl(饱和)\|Hg_2Cl_2(s)|Hg(l)(+)$$

电池反应为

$$Ag(s) + \frac{1}{2}Hg_2Cl_2(s) = AgCl(s) + Hg(l)$$

其电动势可通过两个电极的电势来计算，即

$$E = \varphi_{甘汞} - \varphi_{Ag\text{-}AgCl}$$

其中

$$\varphi_{甘汞} = \varphi_{甘汞}^{\ominus} - \frac{RT}{F}\ln a_{(Cl^-)}$$

$$\varphi_{\text{Ag-AgCl}} = \varphi^{\ominus}_{\text{Ag-AgCl}} - \frac{RT}{F}\ln a_{(\text{Cl}^-)}$$

因此，该电池的电动势为

$$E = \varphi_{\text{甘汞}} - \frac{RT}{F}\ln a_{(\text{Cl}^-)} - \left(\varphi^{\ominus}_{\text{Ag-AgCl}} - \frac{RT}{F}\ln a_{(\text{Cl}^-)}\right) = \varphi^{\ominus}_{\text{甘汞}} - \varphi^{\ominus}_{\text{Ag-AgCl}}$$

由此可知，该电池的电动势与 KCl 溶液浓度无关。如果在 298.15K 测定该电池的电动势为 $E(E^{\ominus})$，则可求得此电池反应的 $\Delta_r G^{\ominus}_m$（298.15K）。测定不同温度下对应的原电池电动势，由 $E-T$ 图求得 298.15K 的 $\left(\frac{\partial E}{\partial T}\right)_p$ 后，就可以求出 $\Delta_r H^{\ominus}_m$（298.15K）和 $\Delta_r S^{\ominus}_m$（298.15K）。

四、仪器、试剂与装置

仪器：SDC-Ⅱ数字电位差综合测试仪、超级恒温槽、银-氯化银电极、饱和甘汞电极、铂电极。

试剂：丙酮、30mol/L HNO$_3$ 溶液、镀银液、HCl 溶液（0.100mol/L）、KCl（A.R.）。

电动势法测定化学反应的热力学函数变化值实验装置示意图如图 2.11.1 所示。

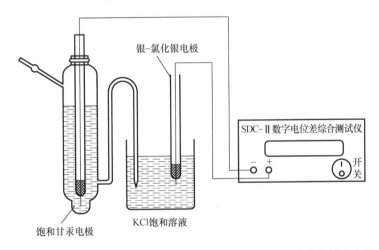

图 2.11.1　电动势法测定化学反应的热力学函数变化值实验装置示意图

五、实验步骤

1. 制备银-氯化银电极

取直径为 1mm 的纯银丝，用丙酮洗去表面油污，在 3mol/L 的 HNO$_3$ 溶液中浸蚀后用蒸馏水洗净作阳极，用表面经过清洁的铂电极作阴极，将铂电极在镀银液（100mL 镀银液的组成：3.0g 硝酸银，60g 碘化钾和 7.0mL 浓氨水）中镀银，控制电流为 1.0mA/cm^2，镀 1h，在铂电极上镀上银白色紧密的银层。用 0.100mol/L 的 HCl 溶液电解，电流密度为 0.4mA/cm^2，通电 20min，在银层上形成银-氯化银镀层。制成的电极不用时应放在含少量 AgCl 沉淀的 HCl 溶液中，并在暗处保存备用。

2. 组装电池

将银-氯化银电极、饱和甘汞电极按图 2.11.1 所示组装电池。

3. 测定原电池电动势

① 接通超级恒温槽电源，进行恒温设定，使其达到 298.15K（25℃）。将被测电池放入其中，恒温 20～30min。同时将原电池引出线连接到数字电位差综合测试仪上，测定其电动势，重复 3 次，每次测定结果之差应小于 0.0002V，取平均值。

② 调节恒温槽温度，重复上述步骤，分别测定原电池在 30℃、35℃、40℃、45℃、50℃时的电动势。

4. 实验完毕

把仪器整理好，恢复到实验前的状态。

六、实验指导

1. 原理思路

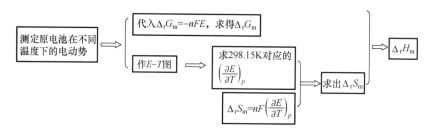

2. 实验流程

3. 注意事项

① 实验所用试剂应为 A.R.，溶液用重蒸馏水配制，所用容器充分洗净，最后用重蒸馏水冲洗。

② 在测定原电池的温度系数时，一定要使系统达到热平衡，恒温时间至少 20min。

③ 注意数字电位差综合测试仪的正确使用。

④ 测定开始时，原电池的电动势值不太稳定，因此应隔一定时间测定一次，直至稳定为止。

七、数据记录及处理

1. 数据记录

将不同温下可逆电池的电动势实验数据记录在表 2.11.1 中。

2. 数据处理

① 根据 298.15K 时测定的电动势，计算电池反应的 $\Delta_r G_m^{\ominus}$（298.15K）。

② 根据表 2.11.1 中数据，画出 $E-T$ 图，求出 298.15K 对应的 $\left(\dfrac{\partial E}{\partial T}\right)_p$，并计算该电池反应的 $\Delta_r H_m^{\ominus}$（298.15K）和 $\Delta_r S_m^{\ominus}$（298.15K）。

表 2.11.1　不同温度下可逆电池的电动势实验数据

实验温度 $T/°C$	电动势 E/V			
	1	2	3	平均值
25				
30				
35				
40				
45				
50				

八、思考题

1. 为什么用电动势法测定化学反应的热力学函数变化值时，电池内进行的化学反应必须是可逆的，电动势又必须用对消法测定？

2. 实验电池的电动势与 KCl 溶液浓度是否有关？为什么？

3. 能用于设计原电池的化学反应应具备什么条件？

实验十二　循环伏安法研究铁氰化钾的电极反应过程

循环伏安法研究铁氰化钾的电极反应过程（一）

循环伏安法研究铁氰化钾的电极反应过程（二）

循环伏安法

循环伏安法-氧化还原曲线小知识

一、实验目的

1. 掌握循环伏安法研究电极反应过程的基本原理。
2. 学习使用电化学工作站。
3. 掌握用循环伏安法判断电极反应过程的可逆性。

二、预习要求

1. 了解电化学工作站的使用方法。
2. 了解实验参数的确定方法。

三、实验原理

循环伏安法（cyclic voltammetry，CV）是进行电化学和电分析化学研究最基本和最常用的方法之一。循环伏安法研究系统是由工作电极、参比电极、辅助电极构成的三电极系统，工作电极和参比电极组成的回路测量工作电极电位，工作电极和辅助电极组成的回路测量工作电极电流。将电化学工作站与研究系统连接，根据研究系统的性质，选择电位扫描范围和扫描速率，电位扫描范围要能使电极上交替发生不同的还原反应和氧化反应。将循环变化的三角波电压（图2.12.1）施加于工作电极和参比电极之间，从起始电位开始扫描，电位按选择的扫描速率呈线性变化，电位扫描范围达到终止电位后，再连续反向扫描回到起始电位，一次三角波扫描完成一个还原过程和氧化过程的循环。在进行电位扫描的同时，测量工作电极的电流，得到的电流与电位的关系曲线称为循环伏安曲线（或循环伏安图）。

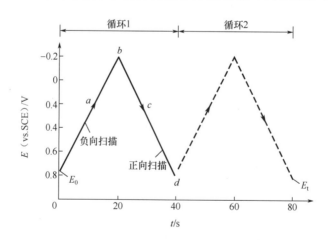

图 2.12.1　三角波电压

循环伏安法通过对循环伏安曲线的波形、氧化还原峰电流的数值及其比值、峰电位分布规律等的分析，来判断电极反应过程的可逆性及研究电极反应机理；循环伏安法也可用来检测物质的氧化还原电位，判断电极反应过程产物的稳定性，以及研究活性物质的吸附和脱附现象等。

典型的循环伏安曲线如图 2.12.2 所示。正向扫描对应阴极过程，氧化性物质 O 会在电极上得到电子，发生还原反应：$O+ne^{-}\rightarrow R$，得到图 2.12.2 中上半部分的还原波；反向扫描对应阳极过程，在电极表面生成的还原性物质 R 失去电子，发生氧化反应：$R-ne^{-}\rightarrow O$，得到图 2.12.2 下半部分的氧化波。在扫描电位范围内，若在某一电位值出现电流峰，说明在此电位时发生了电极反应。若在正向扫描时发生电极反应的产物在反向扫描时还能在电极表面发生电极反应，那么将出现与正向电流峰对应的逆向电流峰。图 2.12.2 中的 i_{pc} 和 i_{pa} 分别表示阴极峰值电流和阳极峰值电流，对应的阴极峰值电位与阳极峰值电位分别为 E_{pc} 和 E_{pa}（p 表示峰值，c 表示阴极，a 表示阳极）。

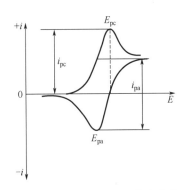

图 2.12.2　典型的循环伏安曲线

可以通过测得的阴极峰值电位 E_{pc}、阴极峰值电流 i_{pc}、阳极峰值电位 E_{pa} 和阳极峰值电流 i_{pa} 来判断电极反应过程的可逆程度。根据能斯特方程，计算阳极峰值电位与阴极峰值电位差值 ΔE_p，当 ΔE_p 的数值接近 $2.3RT/(nF)$，并且阳极峰值电流 i_{pa} 和阴极峰值电流 i_{pc} 的数值相等或接近时，电极反应过程可逆。但是，ΔE_p 的值与电位扫描范围、扫描时换向电位等实验条件有关，其值会在一定范围内波动。如果测定温度为 298.15K，由能斯特方程计算得出的 $\Delta E_p=59/n$（mV）。如果从循环伏安曲线得出 ΔE_p 的值在 $(55\sim65)/n$（mV）范围内，即可认为电极反应过程可逆。可逆体系的峰电流为

$$i_p=2.69\times10^5 n^{3/2}AD^{1/2}cv^{1/2}$$

式中，i_p 为峰电流（A）；n 为电子转移数；A 为电极面积（cm^2）；D 为扩散系数（cm^2/s）；v 为扫描速度（V/s）；c 为浓度（mol/L）。i_p 与 c 和 $v^{1/2}$ 都成正比。

四、仪器、试剂与装置

仪器：CHI660 电化学工作站、三电极系统（工作电极为铂圆盘电极，辅助电极为铂电极，参比电极为饱和甘汞电极）。

试剂：$K_3[Fe(CN)_6]$ 溶液（1.00×10^{-2} mol/L）、KNO_3 溶液（1.00mol/L）、Al_2O_3 粉末。

循环伏安法研究铁氰化钾的电极反应过程实验装置示意图如图 2.12.3 所示。

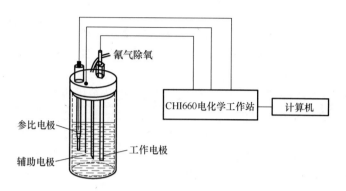

图 2.12.3　循环伏安法研究铁氰化钾的电极反应过程实验装置示意图

五、实验步骤

1. 配制溶液

将 1.00×10^{-2} mol/L 的 $K_3[Fe(CN)_6]$ 溶液稀释成 2.00×10^{-3} mol/L、2.00×10^{-4} mol/L、2.00×10^{-5} mol/L 的溶液各 25mL。

2. 预处理工作电极

用 Al_2O_3 粉末将作为工作电极的铂圆盘电极表面磨光，然后用蒸馏水超声清洗 3min，得到平滑、光洁的电极表面。

3. 准备仪器

将三个电极分别连接到电极夹的三个夹头上，使工作电极浸入电解质溶液中。将 CHI660 电化学工作站的绿色（或黑色）夹头夹铂圆盘电极（工作电极），红色夹头夹铂电极（辅助电极），白色夹头夹饱和甘汞电极（参比电极）。

打开 CHI660B 电化学工作站和计算机的电源开关，预热 10min。开启计算机，运行电化学工作站软件，单击"T"（Technique）选中对话框中"Cyclic Voltammetry"实验技术，单击"OK"；进入"parameters"选择参数，"Init E"为"+0.6V"，"High E"为"+0.6V"，"Low E"为"−0.1V"，"Initial Scan"为"Negative"，"Sensitivity"在扫描速度大于 10mV 时选"5×10^{-5}"，单击"OK"确定参数；单击"▶"，开始实验。

4. 测定 $K_3[Fe(CN)_6]$ 溶液的循环伏安曲线

① 测定不同扫描速率的 $K_3[Fe(CN)_6]$ 溶液的循环伏安曲线。在电解池中加入 2.00×10^{-3} mol/L 的 $K_3[Fe(CN)_6]$ 溶液 25mL，然后加入 1.00mol/L 的 KNO_3 溶液 25mL，搅拌均匀；插入铂圆盘电极、铂电极和饱和甘汞电极，通氮气除氧 5min。先以 20mV/s 的扫描速率在 −0.2～0.6V 扫描，得到循环伏安曲线，记录 i_{pa}、E_{pa}、i_{pc} 和 E_{pc}；再对上述溶液分别以 10mV/s、40mV/s、60mV/s、80mV/s、100mV/s、200mV/s 的扫描速率，在 −0.2～0.6V 扫描，得到的循环伏安曲线，记录 i_{pa}、E_{pa}、i_{pc} 和 E_{pc}。

② 测定不同浓度的 $K_3[Fe(CN)_6]$ 溶液的循环伏安曲线。依次在电解池中加入 2.00×10^{-5} mol/L、2.00×10^{-4} mol/L、2.00×10^{-3} mol/L、1.00×10^{-2} mol/L 的 $K_3[Fe(CN)_6]$ 溶液 25mL，然后加入 1.00mol/L 的 KNO_3 溶液 25mL，搅拌均匀；插入铂圆盘电极、铂

电极和饱和甘汞电极，通氮气除氧 5min。以 20mV/s 的扫描速率在 $-0.2\sim0.6V$ 扫描，得到循环伏安曲线，记录 i_{pa}、E_{pa}、i_{pc} 和 E_{pc}。

六、实验指导

1. 实验流程

配制溶液 $\Rightarrow$ 预处理工作电极 $\Rightarrow$ 准备仪器 $\Rightarrow$ 测定$K_3[Fe(CN)_6]$溶液的循环伏安曲线

2. 注意事项

① 必须仔细清洗工作电极表面，否则将严重影响循环伏安曲线测定的准确性。

② 正确连接三个电极，避免参比电极有电流流过，避免电极夹头互碰导致仪器短路。

③ 每次扫描之间，为使电极表面恢复初始条件，应将电极提起后搅拌溶液，使溶液静止 $1\sim2min$ 后再放入溶液中，然后进行扫描，以使液相传质过程只受扩散控制。

七、数据记录及处理

1. 数据记录

将不同扫描速率的 $K_3[Fe(CN)_6]$ 溶液的循环伏安曲线实验数据记录在表 2.12.1 中。

表 2.12.1　不同扫描速率的 $K_3[Fe(CN)_6]$ 溶液的循环伏安曲线实验数据

$v/(mV\cdot s^{-1})$	i_{pa}/A	E_{pa}/V	i_{pc}/A	E_{pc}/V	$i_{pa}/v^{1/2}$	$i_{pc}/v^{1/2}$	$\Delta E_p/V$
10							
40							
60							
80							
100							
200							

2. 数据处理

① 根据表 2.12.1 中的数据，计算阳极峰值电位与阴极峰值电位差值 ΔE_p。

② 计算相同实验条件下阳极峰值电流与阴极峰值电流的比值 i_{pa}/i_{pc}。

③ 当 $K_3[Fe(CN)_6]$ 溶液浓度为 $2.00\times10^3\,mol/L$ 时，以阴极峰值电流 i_{pc} 或阳极峰值电流 i_{pa} 对扫描速率的平方根 $v^{1/2}$ 作图，研究峰电流和扫描速率间的关系。

④ 在相同扫描速率下，以阴极峰值电流 i_{pc} 或阳极峰值电流 i_{pa} 对 $K_3[Fe(CN)_6]$ 溶液的浓度 c 作图，研究峰电流和溶液浓度间的关系。

⑤ 根据实验结果，研究 $K_3[Fe(CN)_6]$ 溶液在 KNO_3 溶液中电极反应过程的可逆性。

八、思考题

1. 用循环伏安法研究不同的电极反应过程时，怎样选择合适的扫描速率？

2. 电位扫描的范围对测定结果会产生什么影响？电位扫描的范围应如何选择？

3. 讨论循环伏安曲线中峰电流 i_p 的影响因素。

第三节 动 力 学

实验十三 过氧化氢分解反应速率常数的测定

过氧化氢溶液分解的催化剂

过氧化氢分解反应速率常数的测定

一、实验目的

1. 测定过氧化氢分解反应的速率常数、半衰期和活化能。
2. 了解催化剂用量对一级反应的影响。
3. 掌握作图法求分解反应速率常数。

二、预习要求

1. 了解物理法研究化学反应动力学的原理。
2. 了解如何用量气法研究过氧化氢分解反应。

三、实验原理

过氧化氢在常温下缓慢分解，其反应方程式为

$$H_2O_2 \longrightarrow H_2O + \frac{1}{2}O_2$$

在有催化剂 KI 的作用下，其分解反应机理为

第一步：$H_2O_2 + KI \longrightarrow KIO + H_2O$（慢）

第二步：$KIO \longrightarrow KI + O_2$（快）

其中，第一步的反应速率比第二步的反应速率小，所以 H_2O_2 分解反应的速率主要由第一步决定，其反应速率方程为

$$\frac{-dc_{H_2O_2}}{dt} = k' c_{KI} c_{H_2O_2} \tag{2.13.1}$$

式中，c 为各物质浓度；t 为反应时间；k' 为 H_2O_2 分解反应的速率常数，受温度和催化剂的影响。

在分解反应过程中，催化剂 KI 的浓度不变，令 $k = k' c_{KI}$，则

$$\frac{-dc_{H_2O_2}}{dt} = k c_{H_2O_2} \tag{2.13.2}$$

式中，k 为表观反应速率常数。

由式（2.13.2）可以看出，H_2O_2 分解反应的速率与 H_2O_2 浓度的一次方成正比，故称为一级反应，对式（2.13.2）积分，可得

$$\ln(c_t/c_0) = -kt \tag{2.13.3}$$

式中，c_0 和 c_t 分别为 H_2O_2 的初始浓度和在 t 时刻的浓度。

对一级反应而言，反应的半衰期为

$$t_{1/2} = \frac{\ln 2}{k} = \frac{0.693}{k} \tag{2.13.4}$$

物理化学在反应速率的研究中采用物理法测定系统某组分浓度随时间的变化。物理法是指利用反应系统中某组分浓度或某些物理量（如体积、压力、折射率、旋光度、电动势等）具有的单值函数关系的特点，通过测定该组分物理量的变化来间接测定其浓度变化。物理法可以不终止反应进程，便可跟踪测定某一时刻反应系统中某组分的浓度。

本实验是通过测定不同时刻系统中 H_2O_2 分解放出 O_2 的体积来求相应的 H_2O_2 溶液的浓度，继而求出分解反应的速率常数。分解反应过程产生的 O_2 的体积与已分解的 H_2O_2 溶液的浓度成正比。以 V_∞ 表示 H_2O_2 完全分解所产生的 O_2 的体积，V_t 表示反应到 t 时刻 H_2O_2 分解所产生的 O_2 的体积，则有

$$c_0 \propto V_\infty, c_t \propto (V_\infty - V_t)$$

将以上关系代入式（2.13.3），可得

$$\ln \frac{c_t}{c_0} = \ln \frac{V_\infty - V_t}{V_\infty} = -kt \tag{2.13.5}$$

或

$$\ln(V_\infty - V_t) = -kt + \ln V_\infty \tag{2.13.6}$$

由式（2.13.6）可知，以 $\ln(V_\infty - V_t)$ 对 t 作图，若得一条直线，可验证 H_2O_2 分解反应为一级反应，由直线的斜率即可求出分解反应的速率常数 k。

V_∞ 可以用两种方法获取：一是直接测量，通过升温加快分解反应速率，待 H_2O_2 完全分解后测定产生的 O_2 的体积；二是利用实验中 H_2O_2 的准确浓度来计算完全分解产生的 O_2 的体积。本实验采用高锰酸钾标准溶液在酸性条件下滴定的方法来求 H_2O_2 溶液的准确浓度。若将 O_2 视作理想气体，则 V_∞ 为

$$V_\infty = \frac{c_{H_2O_2} V_{H_2O_2} RT}{2p} \tag{2.13.7}$$

式中，p 为 O_2 的分压（由大气压减去该实验温度下水的饱和蒸气压）；$c_{H_2O_2}$ 为 H_2O_2 的初始浓度；$V_{H_2O_2}$ 为实验所取用的 H_2O_2 的体积；R 为摩尔气体常数；T 为实验温度。

四、仪器、试剂与装置

仪器：氧气测量装置、电磁搅拌器、秒表、量筒（10mL）、移液管（25mL、10mL、5mL）、容量瓶（100mL）、锥形瓶（150mL、250mL）、酸式滴定管（50mL）。

试剂：H_2O_2 溶液（质量分数为 3%）、$KMnO_4$ 标准溶液（0.02～0.025mol/L）、KI 溶液（0.1mol/L、0.05mol/L）、H_2SO_4 溶液（3mol/L）。

过氧化氢分解反应速率常数的测定实验装置示意图如图 2.13.1 所示。

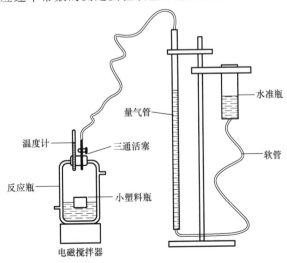

图 2.13.1　过氧化氢分解反应速率常数的测定实验装置示意图

五、实验步骤

1. 准备仪器

① 按图 2.13.1 所示连接好实验装置。

② 检查气密性。旋转三通活塞，使系统与外界相通，举高水准瓶，使液体充满量气管，旋转三通活塞使系统与外界隔绝，然后把水准瓶放低到量气管下端的位置，如果量气管中的液面在 2min 内保持不变，即表示系统不漏气。

③ 调整水准瓶位置，使量气管水位固定在"0"处，转动三通活塞使量气管与反应瓶连通。

2. 测定 O_2 的体积

① 用移液管准确移取 0.1mol/L 的 KI 溶液 25mL 和蒸馏水 5mL，将其注入洗净并烘干的反应瓶中。

② 用移液管取质量分数为 3% 的 H_2O_2 溶液 5mL，将其注入反应瓶中（也可以将其加入小塑料瓶中，反应时摇翻小塑料瓶使物质反应），然后迅速将橡皮塞塞紧；开动电磁搅拌器，同时开启秒表计时。保持量气管与水准瓶中的水在同一平面上，每放出 5mL 氧气记录一次时间，直至放出 50mL 氧气为止。记录第Ⅰ组（0.1mol/L KI 溶液 25mL＋3% H_2O_2 溶液 5mL）药品实验数据。

③ 按上述方法，改变药品用量做第Ⅱ组和第Ⅲ组实验：

0.1mol/L KI 溶液 25mL＋3% H_2O_2 溶液 10mL（第Ⅱ组）

0.05mol/L KI 溶液 25mL＋3% H_2O_2 溶液 10mL（第Ⅲ组）

3. 滴定 H_2O_2 溶液的准确浓度

① H_2O_2 溶液的浓度用 $KMnO_4$ 标准溶液滴定，由所用 $KMnO_4$ 溶液的体积和浓度来计算 H_2O_2 溶液的浓度。其反应化学方程式为

$$5H_2O_2＋2KMnO_4＋3H_2SO_4＝2MnSO_4＋K_2SO_4＋8H_2O＋5O_2\uparrow$$

② 用移液管取反应所用 H_2O_2 溶液 10mL 于 100mL 容量瓶中，加入蒸馏水稀释至刻度，摇匀后移取 10mL 于 250mL 锥形瓶中，加入 0.05mol/L 的 H_2SO_4 溶液 5mL（H_2SO_4 溶液起酸性介质作用）。用 $KMnO_4$ 标准溶液开始滴定时一定要缓慢，以后可稍快，这是因为反应产物 Mn^{2+} 起催化作用，该反应为自催化反应，滴至溶液呈淡粉色。重复滴定 2 次，计算出 H_2O_2 溶液的浓度。

六、实验指导

1. 原理思路

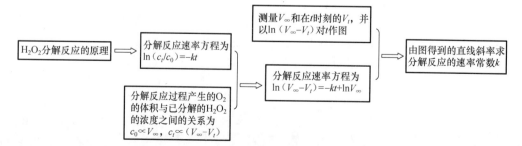

2. 实验流程图

七、数据记录及处理

1. 数据记录

将 $KMnO_4$ 标准溶液的用量数据记录在表 2.13.1 中。将 H_2O_2 分解反应实验数据及计算结果记录在表 2.13.2 中。

表 2.13.1　$KMnO_4$ 标准溶液的用量数据

室温_____℃　　　大气压_____kPa

$KMnO_4$ 标准溶液的浓度/$(mol \cdot L^{-1})$	滴定前 V_1/mL	滴定完 V_2/mL	用量 V/mL

表 2.13.2　H_2O_2 分解反应实验数据及计算结果

V_t/mL	反应时间 t/min			$\ln(V_\infty - V_t)$		
	第Ⅰ组	第Ⅱ组	第Ⅲ组	第Ⅰ组	第Ⅱ组	第Ⅲ组

2. 数据处理

① 计算 H_2O_2 溶液的浓度，并求出其完全分解所产生的 O_2 的体积 V_∞。

② 以 $\ln(V_\infty - V_t)$ 对 t 作图，由直线斜率分别求出三组反应的速率常数 k 及半衰期 $t_{1/2}$。

③ 根据实验结果，确定 k、$t_{1/2}$ 与 H_2O_2 溶液的浓度的关系，以及与 KI 溶液的浓度的关系。

八、思考题

1. 如何通过实验的方法确定 H_2O_2 催化分解反应的反应级数？

2. 若本实验开始测定 V_t 时已经放掉一部分氧气，对实验结果有无影响？

3. 分析反应速率常数 k 与哪些因素有关？这些因素的影响与实验所得结果是否一致？

实验十四　蔗糖水解反应速率常数的测定

蔗糖水解反应速率常数的测定

一、实验目的

1. 掌握测定蔗糖在酸催化下水解反应速率常数和半衰期的方法。
2. 了解旋光仪的工作原理，掌握旋光仪的正确使用方法。
3. 了解旋光度的测定在化学反应动力学研究中的应用。

二、预习要求

1. 了解用旋光仪测定旋光度的原理和旋光仪的正确使用方法。
2. 了解蔗糖的水解反应是准一级反应的原因。

三、实验原理

蔗糖在水中水解生成葡萄糖与果糖的反应为

$$C_{12}H_{22}O_{11}(蔗糖) + H_2O \xrightarrow{\text{H}^+} C_6H_{12}O_6(果糖) + C_6H_{12}O_6(葡萄糖)$$

在纯水中此反应进行极慢，为使反应加速，通常需要 H^+ 的催化作用。水解反应中，水是大量的，反应到达终点时，虽然有部分水分子参加了反应，但在整个反应过程中水的浓度变化很小，可近似地认为此反应前后水的浓度是恒定的；而且 H^+ 作为催化剂，其浓度在反应前后保持不变。因此，蔗糖的水解反应可视为准一级反应，其反应速率与反应物的浓度成正比，反应速率方程可表示为

$$-\frac{dc}{dt} = kc \tag{2.14.1}$$

对式（2.14.1）积分，可得

$$\ln c = -kt + \ln c_0 \tag{2.14.2}$$

式中，c_0 为蔗糖开始反应时的浓度；c 为在 t 时刻蔗糖的浓度；k 为水解反应速率常数。

该反应的半衰期为

$$t_{1/2} = \frac{\ln 2}{k} = \frac{0.693}{k} \tag{2.14.3}$$

由式（2.14.2）可以看出，在不同时刻测定反应物的相应浓度，并以 $\ln c$ 对 t 作图，可得一条直线，由直线斜率即可求得水解反应速率常数 k。但是，快速分析出反应物的浓度比较困难，考虑蔗糖及其水解生成物均具有旋光性，溶液的旋光度与溶剂的性质、溶液的浓度、旋光管长度及温度等均有关系，当其他条件均固定时，旋光度 α 与反应物的浓度 c 为线性关系，即

$$\alpha = \beta c \tag{2.14.4}$$

式中，β 为比例常数，其值与溶液中所含旋光物质的旋光能力、光源所经过的厚度、溶剂的性质、光源的波长、反应时的温度等有关。

本实验利用反应过程中旋光度的改变来度量反应的进程。反应物中蔗糖是右旋性物质（比旋光度 $[\alpha]_D^{20} = 66.6°$），生成物中葡萄糖也是右旋性物质（比旋光度 $[\alpha]_D^{20} = 52.5°$），但生成物中果糖是左旋性物质（比旋光度 $[\alpha]_D^{20} = -91.9°$）。因为生成物中果糖的左旋性比葡萄糖的右旋性大，所以生成物呈现左旋性质。随着水解反应的进行，系统的右旋角不

断减小，过零后就变成左旋，直至蔗糖完全水解，这时左旋角达到最大。

在蔗糖的水解反应中，溶液的旋光度为各组分旋光度之和。设蔗糖在未水解时、水解到 t 时刻和完全水解时溶液的旋光度分别为 α_0、α_t 和 α_∞，则

$$\alpha_0 = \beta_{反} c_0 \tag{2.14.5}$$

$$\alpha_t = \beta_{反} c_t + \beta_{生}(c_0 - c_t) \tag{2.14.6}$$

$$\alpha_\infty = \beta_{生} c_0 \tag{2.14.7}$$

式中，$\beta_{反}$ 和 $\beta_{生}$ 分别为反应物和生成物的比例常数。

联立式（2.14.5）～式（2.14.7），可得

$$c_0 = \frac{\alpha_0 - \alpha_\infty}{\beta_{反} - \beta_{生}} = \beta'(\alpha_0 - \alpha_\infty) \tag{2.14.8}$$

$$c_t = \frac{\alpha_t - \alpha_\infty}{\beta_{反} - \beta_{生}} = \beta'(\alpha_t - \alpha_\infty) \tag{2.14.9}$$

将式（2.14.8）和式（2.14.9）代入式（2.14.2），积分可得

$$\ln(\alpha_t - \alpha_\infty) = -kt + \ln(\alpha_0 - \alpha_\infty) \tag{2.14.10}$$

以 $\ln(\alpha_t - \alpha_\infty)$ 对 t 作图，可得一条直线，由直线斜率即可求得水解反应速率常数 k。

通常采用两种方法测定 α_∞：一种是将反应液放置 48h 以上，待其完全反应后测定；另一种是将反应液放置在 $50\sim60℃$ 水浴中温热 30min，然后冷却到实验温度后进行测定。第一种方法时间太长，第二种方法要注意控制温度，以免产生副反应。

四、仪器、试剂与装置

仪器：WXG-4 型旋光仪、旋光管（带有恒温水外套）、秒表、锥形瓶（100mL）、烧杯（100mL）、恒温槽、移液管（25mL）、天平。

试剂：HCl 溶液（2mol/L）、蔗糖（A.R.）、去离子水。

蔗糖水解反应速率常数的测定实验装置示意图如图 2.14.1 所示。

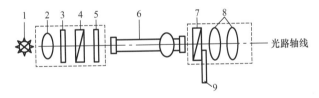

1—钠光灯；2—聚光透镜；3—滤色片；4—起偏镜；5—石英片；
6—观察管；7—检偏镜；8—物、目镜组；9—刻度盘。

图 2.14.1　蔗糖水解反应速率常数的测定实验装置示意图

五、实验步骤

1. 恒温准备

将恒温槽调节到 25℃。

2. 配制溶液

用天平称取 10g 蔗糖，将其溶于去离子水中，用 50mL 容量瓶配成溶液。如溶液混浊，则需进行过滤。

3. 校正旋光仪零点

洗净旋光管各部分零件，将旋光管一端的盖子旋紧，由另一端向管内注入去离子水，盖上玻璃片，旋紧套盖，勿漏水或有气泡产生。先用滤纸或干布擦干旋光管，再用擦镜纸将旋光管两端的玻璃片擦净，放入旋光仪中，盖上槽盖。打开旋光仪电源开关，调节目镜焦距，使视野清晰，然后旋转检偏镜，直到在视野中能观察到明暗相等的三分视野，记下检偏镜旋角。重复操作 3 次，取其平均值，此平均值即为旋光仪的零点。操作完毕，取出旋光管，倒出去离子水。

4. 测定 α_t

用移液管移取蔗糖溶液 25mL 和 2mol/L 的 HCl 溶液 50mL，分别注入两个 100mL 干燥的锥形瓶中，并同时置于恒温槽中。恒温 10～15min 后，取 2mol/L 的 HCl 溶液 25mL 加入装有蔗糖溶液的锥形瓶中，加入一半时开启秒表计时，此时作为反应的开始时间。不断振荡，混合均匀，迅速取少量反应液清洗旋光管两次，然后将反应液装满旋光管，盖上玻璃片，旋紧套盖（注意检查是否漏液或有气泡产生）。先用滤纸或干布擦干旋光管，再用擦镜纸擦净旋光管两端的玻璃片，置于旋光仪中，盖上槽盖。记下时间，读取在 t 时刻的旋光度 α_t。开始时，每 3min 读数一次；15min 后，每 5min 读数一次；1h 后停止实验（测定要迅速且准确）。

5. 测定 α_∞

为了得到反应终了时的旋光度 α_∞，将步骤 4 中的反应液放置 48h 后，在相同温度下测其旋光度，此值即为 α_∞。为了缩短时间，也可将反应液置于 50～60℃ 的水浴中温热 30min，以加速水解反应，然后冷却至实验温度，测其旋光度，此值即为 α_∞。

6. 实验完毕

实验完毕后，立刻将旋光管洗净、干燥，防止酸对旋光管的腐蚀。

六、实验指导

1. 原理思路

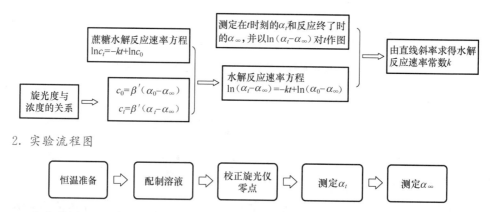

2. 实验流程图

3. 注意事项

① 本实验成功的关键之一是能迅速且准确地读取旋光度，实验过程中要注意记录时

间与读取旋光度的同步性。

② 将反应液装填旋光管时，注意不能留有气泡。旋紧旋光管时，不要用力过猛，以免压碎玻璃片。旋光管放入旋光仪之前，确保其外壁及玻璃片无水，以免影响观察。

③ 由于 H^+ 对反应速率常数有影响，如果 HCl 溶液的浓度改变，蔗糖水解反应速率常数也会改变。

④ 水解反应速率与温度有关，故溶液需恒温至实验温度后才能混合。

⑤ 旋光仪中的钠光灯不宜长时间开启，测定间隔较长时要熄灭，以免损坏。

七、数据记录及处理

1. 数据记录

将蔗糖水解反应的旋光度实验数据记录在表 2.14.1 中。

表 2.14.1　蔗糖水解反应的旋光度实验数据

室温_____℃　　盐酸浓度_____mol/L

反应时间 t/min	α_t	$(\alpha_t - \alpha_\infty)$	$\ln(\alpha_t - \alpha_\infty)$

2. 数据处理

① 以 $\ln(\alpha_t - \alpha_\infty)$ 对 t 作图，由所得的直线斜率求 k。

② 计算蔗糖水解反应的半衰期 $t_{1/2}$。

八、思考题

1. 为什么可用去离子水来校正旋光仪的零点？本实验是否有必要进行零点校正？

2. 配制蔗糖溶液时，如果称量不准确，那么对测定结果是否有影响？

3. 试分析本实验误差。怎样减少实验误差？

4. 在测定蔗糖水解反应速率常数时，选用较长的旋光管好还是较短的旋光管好？为什么？

实验十五　乙酸乙酯皂化反应速率常数的测定

一、实验目的

1. 掌握电导法测定乙酸乙酯皂化反应速率常数及活化能的原理和方法。
2. 加深对二级反应的动力学特点的理解，学会用图解法求二级反应的速率常数。
3. 掌握电导率仪的使用方法。

▶

乙酸乙酯皂
化反应速率
常数的测定

二、预习要求

1. 了解电导法测定乙酸乙酯皂化反应速率常数的原理。
2. 了解如何用图解法求二级反应的速率常数。
3. 初步了解电导率仪的使用方法。

三、实验原理

乙酸乙酯皂化反应是一个典型的二级反应，其反应式为

$$CH_3COOC_2H_5 + OH^- \longrightarrow CH_3COO^- + C_2H_5OH$$

在反应过程中，各物质的浓度随时间而变化。设反应物 $CH_3COOC_2H_5$ 和 NaOH 的初始浓度均为 c_0，反应时间为 t 时生成物 CH_3COONa 和 C_2H_5OH 的浓度为 c_t，此时 $CH_3COOC_2H_5$ 和 NaOH 的浓度为 $c_0 - c_t$，则反应物和生成物的浓度随时间变化的关系为

$$CH_3COOC_2H_5 + OH^- \longrightarrow CH_3COO^- + C_2H_5OH$$

$t=0$	c_0	c_0	0	0
$t=t$	c_0-c_t	c_0-c_t	c_t	c_t
$t \to \infty$	0	0	c_0	c_0

上述二级反应的速率方程可表示为

$$\frac{\mathrm{d}c_t}{\mathrm{d}t} = k(c_0 - c_t)^2 \tag{2.15.1}$$

式中，k 为乙酸乙酯皂化反应速率常数。

对式（2.15.1）积分，可得

$$kt = \frac{c_t}{c_0(c_0 - c_t)} \tag{2.15.2}$$

由式（2.15.2）可知，初始浓度 c_0 是已知的，只要测出在 t 时刻的 c_t 值，就可以算出乙酸乙酯皂化反应速度常数 k。

由于反应在稀溶液中进行，因此可近似认为 $CH_3COOC_2H_5$ 和 C_2H_5OH 是不导电的，参与导电的离子有 Na^+、OH^- 和 CH_3COO^-，而 Na^+ 在反应前后浓度不变，则反应过程中溶液电导率的变化是由于反应物 OH^- 不断反应生成 CH_3COO^- 而引起的。由于 OH^- 的电导率比 CH_3COO^- 的电导率大得多，因此随着 OH^- 的浓度不断减小，系统的电导率不断降低。

在稀的电解质溶液中，每种离子的电导率与其浓度成正比。溶液的电导率等于溶液中各电解质离子的电导率之和（由离子独立运动定律可得）。电导率 κ 与浓度 c 的关系为

$$t=0 \text{ 时，} \kappa_0 = K_1 c_0 \tag{2.15.3}$$

$$t=t \text{ 时，} \kappa_t = K_1(c_0 - c_t) + K_2 c_t \qquad (2.15.4)$$

$$t=\infty \text{ 时，} \kappa_\infty = K_2 c_0 \qquad (2.15.5)$$

上述式中，κ_0 为反应起始时的电导率；κ_t 为反应到 t 时刻的电导率；κ_∞ 为反应终了时的电导率；K_1、K_2 分别为与 NaOH、CH_3COONa 的电导率有关的比例常数。

系统电导率的变化值与 CH_3COONa 的浓度关系为

$$t=t \text{ 时，} c_t = \frac{\kappa_0 - \kappa_t}{K_1 - K_2} \qquad (2.15.6)$$

$$t=\infty \text{ 时，} c_0 = \frac{\kappa_0 - \kappa_\infty}{K_1 - K_2} \qquad (2.15.7)$$

将式（2.15.6）和式（2.15.7）代入式（2.15.2），可得

$$\frac{\kappa_0 - \kappa_t}{\kappa_t - \kappa_\infty} = k c_0 t \qquad (2.15.8)$$

由式（2.15.8）可知，以 $\dfrac{\kappa_0 - \kappa_t}{\kappa_t - \kappa_\infty}$ 对 t 作图，得一条直线，直线斜率为 kc_0，初始浓度 c_0 已知，κ_0、κ_t 和 κ_∞ 可由实验测定。

为避免测定 κ_∞，也可以将式（2.15.8）改写为

$$\kappa_t = \frac{1}{kc_0} \times \frac{\kappa_0 - \kappa_t}{t} + \kappa_\infty \qquad (2.15.9)$$

以 κ_t 对 $\dfrac{\kappa_0 - \kappa_t}{t}$ 作图，得一条直线，直线斜率为 $\dfrac{1}{kc_0}$，由此可求出 k。

测定 T_1、T_2 温度下乙酸乙酯皂化反应速率常数 k_1 和 k_2，再根据阿伦尼乌斯方程即可计算出该反应的活化能 E_a，即

$$\ln \frac{k_2}{k_1} = \frac{E_a}{R}\left(\frac{1}{T_1} - \frac{1}{T_2}\right) \qquad (2.15.10)$$

四、仪器、试剂与装置

仪器：ZHFY-ⅢC 乙酸乙酯皂化反应装置、恒温槽、叉形电导池、移液管（10mL、25mL）、容量瓶（50mL）。

试剂：NaOH 溶液（0.0200mol/L）、$CH_3COOC_2H_5$ 溶液（0.0200mol/L）、CH_3COONa 溶液（0.0100mol/L）。

乙酸乙酯皂化反应速率常数的测定实验装置示意图如图 2.15.1 所示。

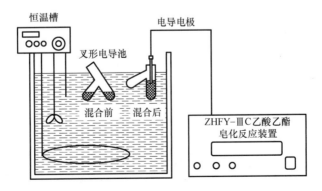

图 2.15.1　乙酸乙酯皂化反应速率常数的测定实验装置示意图

五、实验步骤

1. 准备仪器

① 调节恒温槽，把温度控制在 25℃。
② 连接好仪器，打开电源开关，预热 15min；校准仪器。

2. 配制溶液

配制 0.0200mol/L 的 NaOH 溶液、0.0100mol/L 的 CH_3COONa 溶液和 0.0200mol/L 的 $CH_3COOC_2H_5$ 溶液各 50mL。

3. 测定 κ_0、κ_t 和 κ_∞

① 用两支移液管准确移取蒸馏水 10mL 和 0.0200mol/L 的 NaOH 溶液 10mL，分别加入叉形电导池的直支管和侧支管中（**注意此时这两种溶液不要混合**），然后将其置于恒温槽中，恒温 10min，随后将溶液混合均匀。将电导电极插入混合溶液中测其电导率，待仪器示数稳定后读数，此值即为 κ_0。

② 用两支移液管准确移取 0.0200mol/L 的 $CH_3COOC_2H_5$ 溶液和 0.0200mol/L 的 NaOH 溶液各 10mL，分别加入叉形电导池的直支管和侧支管中（**注意此时这两种溶液不要混合**）。将洗净干燥的电导电极插入叉形电导池直支管中，在恒温槽中恒温 10min，随后将溶液混合，同时按"计时"键开始计时。当反应进行到 3min 时读取溶液的电导率，此值即为 κ_t。每隔 3min 读取一次，直至数值变化不大时（一般为 45min～1h），方可停止测定。实验结束时，再次按"计时"键，计时停止。

③ 倒掉叉形电导池中的溶液，用蒸馏水淋洗叉形电导池和电导电极 3 次，再用少量 0.0100mol/L 的 CH_3COONa 溶液润洗，然后按上述操作方法测定 0.0100mol/L 的 CH_3COONa 溶液的电导率，此值即为 κ_∞。

4. 升温测定 κ_0、κ_t 和 κ_∞

调节恒温槽，把温度升至 35℃，对仪器进行温度补偿设置，重复上述步骤测定 35℃ 时的 κ_0、κ_t 和 κ_∞。

5. 实验完毕

清洗叉形电导池和电导电极，将电导电极浸入蒸馏水中保存，关闭仪器电源。

六、实验指导

1. 原理思路

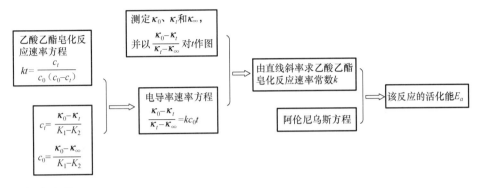

2. 实验流程

3. 注意事项

① 温度对乙酸乙酯皂化反应速率及溶液电导率的影响颇为显著，该反应应尽量在恒温下进行。

② 配制的 $CH_3COOC_2H_5$ 溶液的浓度必须与 $NaOH$ 溶液的浓度相同。

③ 电导率仪每次测定前必须先校正，再进行数据测定。

④ 由于空气中的 CO_2 会溶于电导水和配制的 $NaOH$ 溶液中，溶液的浓度会发生改变，因此在实验中可用煮沸的电导水，以及在配好的 $NaOH$ 溶液瓶上装配碱石灰吸收管。

⑤ 乙酸乙酯溶液久置会缓慢水解，而且生成物 CH_3COOH 又会消耗部分 $NaOH$，所以本实验所用溶液都应新鲜配制。

七、数据记录及处理

1. 数据记录

将反应液的 κ_0 和 κ_∞ 的测定值记录在表 2.15.1 中。

表 2.15.1　反应液的 κ_0 和 κ_∞ 的测定值

电导率/$(mS \cdot cm^{-1})$	第 1 次	第 2 次	第 3 次	平均值
κ_0				
κ_∞				

2. 数据处理

① 记录 κ_t，并根据实验数据进行计算，将实验温度下不同时刻反应液的电导率数据填入表 2.15.2 中。

表 2.15.2　实验温度下不同时刻反应液的电导率数据

t/min	$\kappa_t/(mS \cdot cm^{-1})$		$(\kappa_0-\kappa_t)/(mS \cdot cm^{-1})$		$(\kappa_0-\kappa_\infty)/(mS \cdot cm^{-1})$		$(\kappa_0-\kappa_t)/(\kappa_t-\kappa_\infty)$	
	25℃	35℃	25℃	35℃	25℃	35℃	25℃	35℃

② 以 $\dfrac{\kappa_0-\kappa_t}{\kappa_t-\kappa_\infty}$ 对 t 作图，得一条直线，由直线斜率计算出乙酸乙酯皂化反应速率常数 k。

③ 根据不同温度下乙酸乙酯皂化反应速率常数 k，计算该反应的活化能 E_a。

八、思考题

1. 为什么实验要在恒温条件下进行？$CH_3COOC_2H_5$ 溶液和 NaOH 溶液在混合前为什么要预先恒温？

2. 如果 NaOH 溶液和 $CH_3COOC_2H_5$ 溶液的起始浓度不相同，应怎样计算该反应速率常数 k？

3. 如何根据实验结果来验证乙酸乙酯皂化反应为二级反应？

实验十六　丙酮碘化反应的速率常数及活化能的测定

一、实验目的

1. 掌握用孤立法确定化学反应级数的方法和原理。
2. 测定用酸作催化剂时丙酮碘化反应的速率常数及活化能。
3. 通过实验加深对复杂反应特征的理解。
4. 掌握分光光度计的使用方法。

丙酮碘化
反应

二、预习要求

1. 了解丙酮碘化反应的机理和特征。
2. 了解分光光度法测定丙酮碘化反应体系组成的原理和方法。
3. 了解分光光度计的使用方法。

丙酮碘化测
定反应方程

三、实验原理

大多数化学反应是由若干个基元反应组成的复杂反应，这类复杂反应的反应速率与反应物活度之间的关系不能用质量作用定律表示。通过实验确定各组分的反应级数，从而建立复杂反应的速率方程，以此为基础推测或验证反应的机理是研究化学反应动力学的重要内容。

实验以丙酮碘化反应为例说明孤立法和稳态近似条件在建立速率方程和推测反应机理的应用。实验证明丙酮碘化反应是一个复杂反应，其反应式为

$$CH_3COCH_3 + I_2 \xrightarrow{H^+} CH_3COCH_2I + H^+ + I^-$$

一般认为该反应是按以下两步进行的，即

$$CH_3COCH_3 \underset{}{\overset{H^+}{\rightleftharpoons}} CH_3COH \rightleftharpoons CH_2 \tag{2.16.1}$$

$$CH_3COH = CH_2 + I_2 \longrightarrow CH_3COCH_2I + H^+ + I^- \tag{2.16.2}$$

式（2.16.1）为丙酮的烯醇化反应，它是一个很慢的可逆反应；式（2.16.2）为烯醇的碘化反应，它是一个快速且能进行到底的反应。因此，丙酮碘化反应的总速率可认为是由丙酮的烯醇化反应速率决定的。由稳态近似条件可推导出其反应的速率方程为

$$r = -\frac{dc_{I_2}}{dt} = kc_A c_{H^+} \tag{2.16.3}$$

式中，r 为丙酮碘化反应速率；c_{I_2}、c_A、c_{H^+} 分别是碘、丙酮、酸的浓度；k 为总反应速率常数。

由于反应并不停留在一元碘化丙酮上，还会继续进行下去，致使反应趋于复杂，因此反应中所用的丙酮和酸应过量，而所用的碘应很少，这样更深的碘化反应就可基本避免。由于丙酮和酸的浓度远大于碘的浓度，可认为在反应进行的全过程中反应物丙酮和酸的浓度基本保持不变，对式（2.16.3）积分，得

$$c_{I_2} = -kc_A c_{H^+} t + B \tag{2.16.4}$$

式中，B 为积分常数。

若以反应过程中所测的碘的浓度对反应时间 t 作图，将会得到一条直线，而直线斜率的负值就是丙酮碘化反应速率。由于碘在可见光区有一条比较宽的吸收带，酸、丙酮和碘

化丙酮在此吸收带中吸收并不明显，因此可利用分光光度计来测定丙酮碘化反应过程中碘的浓度随时间的变化关系。

根据朗伯-比尔定律，某指定波长的光通过碘溶液后的光强为 I，通过蒸馏水后的光强为 I_0，则透光率 T 可表示为

$$T=\frac{I}{I_0} \tag{2.16.5}$$

并且透光率与碘的浓度之间的关系可表示为

$$\lg T=-\varepsilon L c_{I_2} \tag{2.16.6}$$

式中，ε 为取以 10 为底的对数时的摩尔吸收系数；L 为比色皿的厚度。

将式（2.16.6）代入式（2.16.4），得

$$\lg T=k\varepsilon L c_A c_{H^+} t+B' \tag{2.16.7}$$

式中，B' 为积分常数。

以 $\lg T$ 对 t 作图，得一条直线，直线斜率为 $k\varepsilon L c_A c_{H^+}$。式中 εL 可通过测定已知浓度的碘溶液的透光率 T，由式（2.16.6）求得。当 c_A 与 c_{H^+} 已知时，只要测出不同时刻反应系统对指定波长的透光率，就可以利用式（2.16.7）求出总反应的速率常数 k。

由两个或两个以上温度下反应的速率常数，就可以根据阿伦尼乌斯方程估算反应的活化能 E_a，即

$$E_a=\frac{RT_1T_2}{T_2-T_1}\ln\frac{k_2}{k_1} \tag{2.16.8}$$

为了验证上述反应机理，可以进行反应级数的测定。根据总反应方程式，可建立

$$r=\frac{-dc_A}{dt}=\frac{-dc_{I_2}}{dt}=\frac{dc_E}{dt}=kc_A^{\alpha}c_{I_2}^{\beta}c_{H^+}^{\delta} \tag{2.16.9}$$

式中，c_E 为碘化丙酮的浓度；α、β、δ 分别表示丙酮、碘和氢离子的反应级数。

本实验采用孤立法确定反应级数，即保持碘和酸的起始浓度不变，只改变丙酮的起始浓度，分别测定同一温度下的反应速率，则由式（2.16.9）可得

$$\frac{r_2}{r_1}=\left(\frac{c_{A,2}}{c_{A,1}}\right)^{\alpha} \tag{2.16.10}$$

即

$$\alpha=\frac{\lg\frac{r_2}{r_1}}{\lg\frac{c_{A,2}}{c_{A,1}}} \tag{2.16.11}$$

式中，r_1 和 r_2 分别为丙酮起始浓度 $c_{A,1}$ 和 $c_{A,2}$ 对应的反应速率。

同理，分别只改变碘或酸的起始浓度，可求出 β 和 δ 为

$$\beta=\frac{\lg\frac{r_2}{r_1}}{\lg\frac{c_{I_2,2}}{c_{I_2,1}}} \tag{2.16.12}$$

$$\delta=\frac{\lg\frac{r_2}{r_1}}{\lg\frac{c_{H^+,2}}{c_{H^+,1}}} \tag{2.16.13}$$

四、仪器、试剂与装置

仪器：722 型分光光度计、带有恒温夹层的比色皿、恒温槽、秒表、烧杯、容量瓶（50mL）、锥形瓶（100mL）、量筒（50mL）、移液管（5mL）。

试剂：0.01mol/L 碘标准溶液（含 2％KI）、1.0mol/L 盐酸标准溶液、2.0mol/L 丙酮溶液、蒸馏水。

丙酮碘化反应速率常数及活化能的测定实验装置示意图如图 2.16.1 所示。

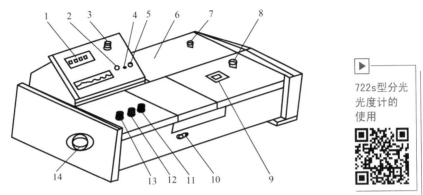

1—数字显示器；2—吸光度调零旋钮；3—选择开关；4—吸光度调斜率电位器；

5—浓度旋钮；6—光源室；7—电源开关；8—波长手轮；9—波长刻度窗；10—试样架拉手；

11—100％T 旋钮；12—0％T 旋钮；13—灵敏度调节旋钮；14—干燥器。

图 2.16.1　丙酮碘化反应速率常数及活化能的测定实验装置示意图

五、实验步骤

1. 准备仪器

调节恒温槽，把温度控制在 25℃。打开分光光度计，预热 20min。

2. 配制溶液

用移液管按表 2.16.1 中的用量依次移取碘标准溶液、丙酮溶液、盐酸标准溶液和蒸馏水，并分别注入编号为 1～4 的洁净干燥的容量瓶中，塞紧瓶塞，将其充分混合均匀。另取一只洁净干燥的锥形瓶，注入 2.0mol/L 的丙酮溶液 60.0mL，塞紧瓶塞。将它们一起置于 25℃恒温槽中，恒温至少 10min。在 50.0mL 容量瓶中配制 0.0010mol/L 的碘溶液，用以测定透光率。

表 2.16.1　反应物的用量表

编号	碘标准溶液/mL	丙酮溶液/mL	盐酸标准溶液/mL	蒸馏水/mL	总体积/mL
1	10.0	5.0	10.0	25.0	50.0
2	10.0	15.0	10.0	15.0	50.0
3	10.0	10.0	5.0	25.0	50.0
4	5.0	10.0	5.0	30.0	50.0

3. 测定碘溶液的透光率

调整分光光度计波长为 565nm，在比色皿中分别加入蒸馏水和浓度为 0.0010mol/L 的碘溶液。用蒸馏水调节透光率的 "0" 点和 "100" 点，再用碘溶液润洗比色皿两次，然后测定碘溶液的透光率。重复测定 3 次，取其平均值。

4. 测定丙酮碘化反应的速率常数

① 取恒温好的丙酮溶液 10.0mL，注入盛有盐酸和碘的混合溶液的 1 号容量瓶中，用蒸馏水稀释至刻度后振荡均匀。用此溶液多次清洗比色皿，再将此溶液迅速注入比色皿中，测定其透光率，同时开启秒表，此时作为反应起始时间。每隔 3min 测定一次，读取 10～12 个数据。每次测定之前均需用蒸馏水调节透光率的 "0" 点和 "100" 点。

② 用同样的方法分别测定 2、3、4 号容量瓶中的溶液在不同反应时间的透光率。

③ 调节恒温槽，把温度升至 30℃，操作方法同步骤 3、步骤 4①和②；测定时间改为每 1min 测定一次。

5. 实验完毕

清洗仪器，整理实验台，关闭仪器电源。

六、实验指导

1. 原理思路

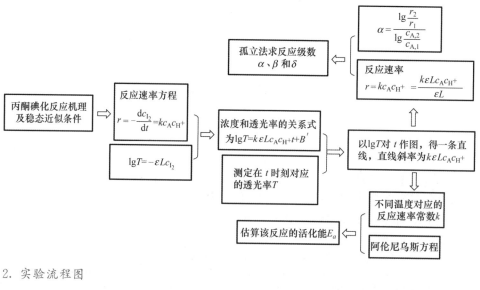

2. 实验流程图

3. 注意事项

① 反应系统中各物质的浓度要准确。

② 温度影响反应速率常数，故反应必须在恒温条件下进行，操作必须迅速、准确。

③ 每次用蒸馏水调节透光率的 "0" 点和 "100" 点后，方可测定溶液的透光率。

④ 每次测定时，比色皿的位置应保持不变。

七、数据记录及处理

1. 数据记录

将碘溶液的透光率实验数据记录在表 2.16.2 中。将混合溶液在不同时刻 t 的透光率实验数据记录在表 2.16.3 中。

表 2.16.2　碘溶液的透光率实验数据

测定次数	1	2	3	平均值
透 光 率				

表 2.16.3　混合溶液在不同时刻 t 的透光率实验数据

1 号 容量瓶	时间 t/min							
	T							
	$\lg T$							
2 号 容量瓶	时间 t/min							
	T							
	$\lg T$							
3 号 容量瓶	时间 t/min							
	T							
	$\lg T$							
4 号 容量瓶	时间 t/min							
	T							
	$\lg T$							

2. 数据处理

① 根据碘溶液的透光率计算 εL 值。

② 用表 2.16.3 中 $\lg T$ 对时间 t 作图，得 4 条直线，把直线斜率代入式（2.16.7）中，求出丙酮碘化反应的速率常数 k，以及其平均值。由式（2.16.3）可知，上述 4 条直线斜率与 εL 的比值即为不同起始浓度时的反应速率，将其代入式（2.16.11）、式（2.16.12）和式（2.16.13）中，可求出反应级数 α、β、δ，从而得到该反应的速率方程。

③ 利用 25℃ 和 30℃ 下该反应的速率常数，由式（2.16.8）求得该反应的活化能。

八、思考题

1. 本实验将丙酮溶液加入盐酸和碘的混合液中，没有立即计时，而是当混合物稀释至刻度，振荡摇匀后倒入比色皿测定透光率时才开始计时，这样做是否影响实验结果？为什么？

2. 影响本实验结果准确度的主要因素是什么？

3. 实验用分光光度计测量的是什么物理量？它和碘浓度有什么关系？

第四节　表面胶体化学

实验十七　最大气泡法测定液体表面张力

一、实验目的

1. 了解表面张力、表面自由能的概念和物理意义。

2. 了解最大气泡法测定液体表面张力的原理，了解影响测定液体表面张力的因素。

3. 了解吉布斯吸附公式的意义和表面吸附量的求算方法。

4. 了解如何由表面张力的实验数据求算被吸附分子的横截面积。

最大气泡法
测定液体表
面张力（一）

二、预习要求

1. 掌握最大气泡法测定液体表面张力的原理和方法。

2. 加深对液体表面张力、表面自由能和表面吸附量的理解。

3. 测定不同浓度乙醇溶液的表面张力，计算其表面吸附量和乙醇分子的横截面积。

三、实验原理

1. 表面自由能

最大气泡法
测定液体表
面张力（二）

在表面层的分子，由于一方面受本相内物质分子的作用，另一方面受性质不同的另一相中物质分子的作用，因此表面层分子所受的作用是不平衡的。对于液体来说，因为表面层分子受液体内部分子的吸引力远大于外部蒸气分子对它的吸引力，所以在液体表面层中，每个分子都受垂直于液面并指向液体内部的净向内拉力，使液体表面都有自动缩小的倾向。要使液体的表面积增大，就必须要克服表面层分子的净向内拉力而做功，因此分子在表面层比在液体内部有更大的势能。在温度、压力和组成恒定时，表面积增加 dA 需要对系统做的功称为表面功，可表示为

$$-\delta W' = \sigma dA \tag{2.17.1}$$

式中，σ 在温度、压力和组成恒定时的数值等于增加单位表面积时必须对系统做的可逆非膨胀功，可以说是每增加单位表面积时系统自由能的增加值，因此，σ 也称表面自由能（单位为 J/m^2）。σ 可以看作沿与表面相切的方向、垂直作用于表面单位长度上的力，通常称为表面张力（单位为 N/m）。

对于液体来说，表面功、表面自由能和表面张力在数值上是相等的，数值的大小与所处的温度、压力、浓度及共存的另一相的组成有关。

2. 溶液的表面吸附

纯液体表面层的组成与内部的组成相同，因此降低纯液体表面自由能的唯一途径是尽可能缩小其表面积。对于溶液，由于溶质能使溶剂表面张力发生变化，因此可以通过调节溶质在表面层的浓度来降低表面自由能。这种表面层浓度与内部浓度不同的现象称为溶液的表面吸附。在一定的温度和压力下，溶质的吸附量与溶液的表面张力及溶液的浓度之间

的关系遵守吉布斯吸附公式，即

$$\Gamma = -\frac{c}{RT}\left(\frac{\mathrm{d}\sigma}{\mathrm{d}c}\right)_T \tag{2.17.2}$$

式中，Γ 为溶质在表面层的吸附量；c 为溶液的浓度；R 为摩尔气体常数；T 为热力学温度；σ 为溶液的表面张力。

当 $\left(\dfrac{\mathrm{d}\sigma}{\mathrm{d}c}\right)_T < 0$ 时，$\Gamma > 0$，溶质能降低溶剂的表面张力，溶液表面层的浓度大于内部的浓度，称为正吸附；当 $\left(\dfrac{\mathrm{d}\sigma}{\mathrm{d}c}\right)_T > 0$ 时，$\Gamma < 0$，溶质能增加溶剂的表面张力，溶液表面层的浓度小于内部的浓度，称为负吸附。吉布斯吸附公式应用范围很广，但上述形式仅适用于稀溶液。

以表面张力对溶液浓度作图（图 2.17.1），得到 σ-c 曲线，在 σ-c 曲线上取与溶液浓度 c_i 对应的点作切线，求切线斜率，即可得到与溶液浓度 c_i 对应的 $\left(\dfrac{\mathrm{d}\sigma}{\mathrm{d}c}\right)_T$ 值，再将 $\left(\dfrac{\mathrm{d}\sigma}{\mathrm{d}c}\right)_T$ 值代入式（2.17.2），即可求得溶液浓度 c_i 对应的 Γ。

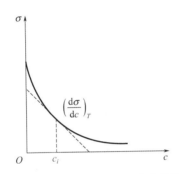

图 2.17.1　表面张力与溶液浓度的关系

3. 饱和吸附量与溶质分子的横截面积

吸附量与溶液浓度之间的关系可以用朗格缪尔吸附等温式表示为

$$\Gamma = \Gamma_\infty \times \frac{kc}{1+kc} \tag{2.17.3}$$

式中，Γ_∞ 为饱和吸附量；k 为经验常数。

整理式（2.17.3），得

$$\frac{c}{\Gamma} = \frac{c}{\Gamma_\infty} + \frac{1}{k\Gamma_\infty} \tag{2.17.4}$$

以 c/Γ 对 c 作图，得到一条直线，其斜率的倒数为 Γ_∞。如果以 N 代表 $1\mathrm{m}^2$ 表面层的分子数，则

$$N = \Gamma_\infty N_A \tag{2.17.5}$$

式中，N_A 为阿伏伽德罗常数。

每个溶质分子在溶液表面上所占据的横截面积则为

$$S_0 = \frac{1}{N} = \frac{1}{\Gamma_\infty N_A} \tag{2.17.6}$$

4. 液体表面张力的测定

本实验采用最大气泡法测定液体表面张力。将待测液体置于测定管中，使毛细管的端

面与液面相切，液面随毛细管上升；打开滴液瓶活塞，缓慢放水抽气，此时测定管中的压力 p_r 逐渐减小，毛细管中的大气压 p_0 就会将管内液面压至管口，并形成气泡。在气泡形成过程（图 2.17.2）中，由于液体表面张力的作用，凹液面会产生一个指向液面外的附加压力 Δp，因此有

$$p_0 = p_r + \Delta p \tag{2.17.7}$$

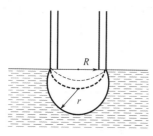

图 2.17.2　气泡形成过程

若毛细管管径较小，则形成的气泡可视为球形。气泡刚形成时，由于其表面几乎是平的，因此曲率半径 r 极大；当气泡形成半球形时，曲率半径 r 等于毛细管半径 R，此时 r 值最小。根据杨-拉普拉斯公式，此时附加压力 Δp 最大，有

$$\Delta p_{max} = p_0 - p_r = \frac{2\sigma}{r} \tag{2.17.8}$$

随着放水抽气，气泡进一步增大，曲率半径 r 也增大，附加压力 Δp 开始减小，直至气泡脱离毛细管口。气泡从生成到脱离毛细管口的过程中，Δp_{max} 可通过精密数字压力计读出。

用同一根毛细管分别测定具有不同表面张力（σ_1 和 σ_2）的溶液时，可得

$$\sigma_1 = \sigma_2 \times \frac{\Delta p_{max,1}}{\Delta p_{max,2}} = K' \times \Delta p_{max,1}$$

式中，K' 为毛细管常数，可用已知表面张力（σ_2）的液体作为标准测得。由此通过测定待测溶液的 $\Delta p_{max,1}$，就可以求出待测溶液的表面张力 σ_1。

四、仪器、试剂与装置

仪器：表面张力测定装置、DP－AW 精密数字压力计、恒温槽、容量瓶（50mL）、洗耳球、烧杯。

试剂：乙醇（A.R.）、蒸馏水。

最大气泡法测定液体表面张力实验装置示意图如图 2.17.3 所示。

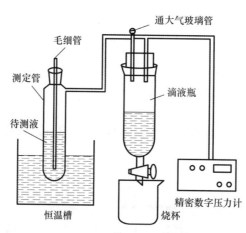

图 2.17.3　最大气泡法测定液体表面张力实验装置示意图

五、实验步骤

1. 准备仪器

① 调节恒温槽，把温度控制在 25℃。

② 仔细清洗毛细管和测定管，然后按图 2.17.3 所示连接装置。加入适量的蒸馏水于测定管中，使毛细管的端面与液面相切；打开滴液瓶活塞，缓慢抽气，使系统内的压力降低，当精密数字压力计稳定显示某压力差时，关闭滴液瓶活塞，停止抽气。若 2～3min 内压力差数值不变，则说明系统不漏气，可以进行实验。

2. 配制乙醇溶液

配制 0.80mol/L 的乙醇溶液 250mL，再用此溶液配制浓度分别为 0.05mol/L、0.10mol/L、0.15mol/L、0.20mol/L、0.25mol/L、0.30mol/L、0.40mol/L、0.60mol/L 和 0.80mol/L 的乙醇稀溶液各 50mL。

3. 测定毛细管常数

加入适量的重蒸馏水于洗净的测定管中，调整液面与毛细管的端面相切，在 25℃ 的条件下恒温 20min；打开滴液瓶活塞，缓慢抽气，使气泡从毛细管缓慢逸出，调节气泡逸出速度为每分钟 20 个左右；读取 Δp_{max} 3 次，求其平均值。

4. 测定乙醇溶液 Δp_{max}

重复步骤 3 的操作，将配制好的乙醇溶液按浓度从小到大的顺序，依次测定其 Δp_{max}，然后计算出各浓度对应的表面张力。每次更换溶液时，需用少量待测液润洗 3 次测定管和毛细管，并用洗耳球吹净毛细管内残留液体。

5. 实验完毕

用洗涤液、自来水和蒸馏水洗净玻璃仪器，整理实验台。

六、实验指导

1. 原理思路

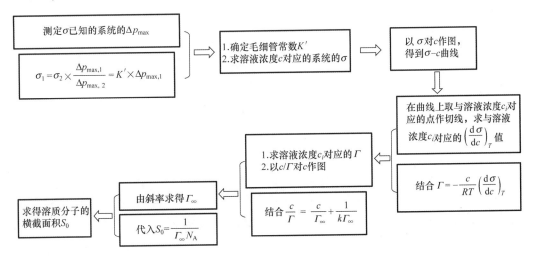

2. 实验流程图

3. 注意事项

① 清洗毛细管时，需注意不能有清洗液残留在毛细管内，可先用洗耳球直接从毛细管顶部吹一下，再用待测液润洗毛细管，重复几次即可；否则不能连续形成气泡，从而影响最大附加压力的测定。

② 测定时毛细管端面要刚好和溶液液面相切。

③ 控制好滴液瓶的放液速度，以保证读数的准确性。

④ 橡胶管与管路接口装置、玻璃仪器、精密数字压力计等相互连接时，接口与橡胶管一定要插牢，以不漏气为原则，保证实验系统的气密性。

七、数据记录及处理

1. 数据记录

将毛细管常数的测定实验数据记录在表 2.17.1 中。将不同浓度乙醇溶液表面张力的相关实验数据记录在表 2.17.2 中。

表 2.17.1　毛细管常数的测定实验数据

室温_____℃　　　　溶液温度_____℃　　　　大气压_____kPa

待测样品	$\left(\dfrac{d\sigma}{dc}\right)_T/(\text{N}\cdot\text{m}^{-1})$	S_0/kPa				毛细管常数 K'
		第 1 次	第 2 次	第 3 次	平均值	
重蒸馏水						

表 2.17.2　不同浓度乙醇溶液表面张力的相关实验数据

$c/(\text{mol}\cdot\text{L}^{-1})$	S_0/kPa				$\left(\dfrac{d\sigma}{dc}\right)_T/(\text{N}\cdot\text{m}^{-1})$	$\left(\dfrac{d\sigma}{dc}\right)_T$	$\Gamma/(\text{mol}\cdot\text{m}^{-2})$	c/Γ
	第 1 次	第 2 次	第 3 次	平均值				
0.00								
0.05								
0.10								
0.15								
0.20								
0.25								
0.30								
0.40								
0.60								
0.80								

2. 数据处理

① 从附录 13 中查出实验温度下水的表面张力，然后计算出毛细管常数，并填在表 2.17.1 中。

② 绘制 $\left(\dfrac{\mathrm{d}\sigma}{\mathrm{d}c}\right)_T - c$ 曲线，在曲线上取 6 个与乙醇溶液浓度对应的点，分别作切线，求出的切线斜率即为 $\left(\dfrac{\mathrm{d}\sigma}{\mathrm{d}c}\right)_T$ 值。

③ 根据吉布斯吸附公式，求各浓度乙醇溶液对应的吸附量 Γ，以 c/Γ 对 c 作图，由直线斜率求饱和吸附量 Γ_∞，并计算出乙醇分子的横截面积 S_0，将计算出的数据填入表 2.17.2 中。

八、思考题

1. 液体表面张力的测定为什么必须在恒温槽中进行？温度的变化对液体表面张力有什么影响？

2. 毛细管安装时其端面为什么一定要刚好和液面相切？否则对实验有什么影响？

3. 用最大气泡法测定液体表面张力时为什么要读取最大附加压力 $\Delta p_{\max}$？

4. 滴液瓶的放液速度对本实验有什么影响？

实验十八　溶液吸附法测定固体物质比表面积

一、实验目的

1. 掌握用溶液吸附法测定活性炭比表面积的基本原理和方法。
2. 掌握分光光度计的工作原理和使用方法。

二、预习要求

1. 熟悉比表面积的概念，了解测定比表面积的基本原理和方法。
2. 了解朗格缪尔单分子层吸附的原理。
3. 了解分光光度计的工作原理和使用方法。

三、实验原理

固体物质比表面积是指单位质量（或单位体积）固体所具有的总表面积，包括外表面积和内表面积，其数值与分散粒子大小有关。

测定固体物质比表面积的方法很多，常用的有 BET 低温吸附法、电子显微镜法、气相色谱法和溶液吸附法等。前三种方法都需要复杂的仪器装置和较长的实验时间，而溶液吸附法测定固体物质比表面积的仪器简单，操作方便，故常被采用。但是，采用溶液吸附法测定的结果有一定的相对误差（一般约为 10%），其主要原因在于吸附时非球形吸附质在各种吸附剂表面的取向并不一致，每个吸附分子的吸附横截面积可能相差甚远，故采用溶液吸附法测定的结果还需用其他方法加以校正。

水溶性染料的吸附已经广泛应用于固体物质比表面积的测定。其中，亚甲基蓝（分子式为 $C_{16}H_{18}N_3ClS \cdot 3H_2O$）在固体物质表面具有较大的吸附趋向。在一定的浓度范围内，活性炭对亚甲基蓝的吸附是单分子层吸附，符合朗格缪尔吸附等温式。根据朗格缪尔单分子层吸附理论，当亚甲基蓝与活性炭达到吸附饱和后，吸附与脱附处于动态平衡，这时亚甲基蓝分子铺满整个活性炭表面而不留下空位。活性炭的比表面积计算式为

$$S_0 = \frac{(c_0 - c)V}{m} \times 2.45 \times 10^6 \qquad (2.18.1)$$

式中，S_0 为比表面积（m^2/kg）；c_0 为亚甲基蓝原始溶液的浓度（kg/L）；c 为平衡溶液的浓度（kg/L）；V 为加入溶液的体积（L）；m 为吸附剂的质量（kg）；2.45×10^6 为 1kg 亚甲基蓝可覆盖活性炭的面积（m^2/kg）。

本实验通过分光光度计来测定溶液的浓度。根据光吸收定律（朗格-比尔定律），当入射光为一定波长的单色光时，某溶液的吸光度 A 与溶液中有色物质的浓度及液层（或比色皿）的厚度 L 成正比，即

$$A = -\lg \frac{I}{I_0} = \varepsilon L c \qquad (2.18.2)$$

式中，A 为吸光度；I_0 为入射光强度；I 为透射光强度；ε 为吸光系数；L 为溶液层厚度（或比色皿的光径长度）；c 为溶液浓度。

首先测定一系列已知浓度的亚甲基蓝溶液的吸光度，绘制 $A\text{-}c$ 曲线，然后测定亚甲基蓝原始溶液和平衡溶液的吸光度，最后在 $A\text{-}c$ 曲线上查得对应的浓度值，代入式（2.18.1）计算活性炭的比表面积。为了提高测定的灵敏度，工作波长应选在吸光度最

大时所对应的波长。亚甲基蓝溶液在可见光区有两个吸收峰，工作波长分别为 445nm 和 665nm。在 445nm 工作波长处，活性炭的吸附对溶液的吸收峰有影响，所以本实验选用的工作波长为 665nm。

四、仪器、试剂与装置

仪器：722 型分光光度计、HY-3 多功能调速振荡器、SX2-4-13 箱式电阻炉、电子天平（精确度为 0.001g）、容量瓶（100mL、500mL）、锥形瓶（100mL）、移液管。

试剂：亚甲基蓝原始溶液（2g/L）、亚甲基蓝标准溶液（0.1g/L）、颗粒状活性炭。

溶液吸附法测定固体物质比表面积实验装置示意图参见图 2.16.1。

五、实验步骤

1. 活化样品

将颗粒状活性炭置于瓷坩埚中，放入 500℃的箱式电阻炉中活化 1h，然后置于干燥器中备用。

2. 完成原始溶液吸附

取 3 只 100mL 的锥形瓶，分别放入准确称取且经活化处理的活性炭约 0.2g，再加入 50mL 浓度为 2g/L 的亚甲基蓝原始溶液，将装好样品的锥形瓶塞上橡皮塞，放在振荡器上振荡 3h。

3. 配制亚甲基蓝标准溶液

用移液管分别移取 4mL、6mL、8mL、10mL 和 12mL 浓度为 0.1g/L 的亚甲基蓝标准溶液于 100mL 容量瓶中，用蒸馏水稀释至刻度，即得到浓度分别为 4mg/L、6mg/L、8mg/L、10mg/L 和 12mg/L 的亚甲基蓝标准溶液。

4. 稀释原始溶液

用移液管移取浓度为 2g/L 的亚甲基蓝原始溶液 2.5mL，放入 500mL 容量瓶中，稀释至刻度。

5. 准备平衡溶液

样品振荡达到平衡后，取下锥形瓶，静置，使活性炭沉淀。移取上层清液离心分离 5~10min，得到达到吸附平衡后的溶液，然后移取该溶液 2.5mL 放入 500mL 容量瓶中，用蒸馏水稀释至刻度，即得到平衡溶液。

6. 测定吸光度

在工作波长下，以蒸馏水为空白液，依次测定浓度为 4mg/L、6mg/L、8mg/L、10mg/L 和 12mg/L 的亚甲基蓝标准溶液的吸光度，以及稀释后的原始溶液和平衡溶液的吸光度。每个样品测定 3 次，取平均值。

7. 实验完毕

关闭分光光度计，用蒸馏水、乙醇溶液洗净比色皿，放入盒中；将玻璃仪器清洗干净，放回原位；整理实验台。

六、实验指导

1. 原理思路

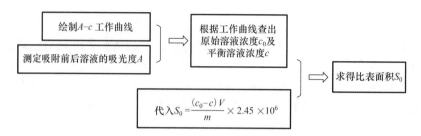

2. 实验流程图

活化样品 ⟹ 完成原始溶液吸附 ⟹ 配制亚甲基蓝标准溶液 ⟹ 稀释原始溶液 ⟹ 准备平衡溶液 ⟹ 测定吸光度

3. 注意事项

① 配制的标准溶液的浓度要准确。

② 颗粒状活性炭要均匀且干燥，并且每份质量应尽量接近。

③ 振荡时间要充足，以达到饱和吸附，振荡时间一般不小于3h。

④ 测定吸光度时，要按溶液浓度从稀到浓的顺序将各溶液测定3次，然后取平均值。

七、数据记录及处理

1. 数据记录

将亚甲基蓝溶液吸光度的测定实验数据记录在表2.18.1中。

表 2.18.1 亚甲基蓝溶液吸光度的测定实验数据

室温＿＿＿＿＿/℃

溶液	吸光度 A			
	第1次	第2次	第3次	平均值
4mg·L^{-1}的亚甲基蓝标准溶液				
6mg·L^{-1}的亚甲基蓝标准溶液				
8mg·L^{-1}的亚甲基蓝标准溶液				
10mg·L^{-1}的亚甲基蓝标准溶液				
12mg·L^{-1}的亚甲基蓝标准溶液				
亚甲基蓝原始溶液				
亚甲基蓝平衡溶液				

2. 数据处理

① 以5个亚甲基蓝标准溶液的浓度 c 为横坐标，其吸光度 A 为纵坐标，绘制 A-c 曲线。

② 根据实验测定的亚甲基蓝原始溶液和亚甲基蓝平衡溶液的吸光度，从曲线上查出对应的浓度，然后乘以稀释倍数 200，即可得到亚甲基蓝原始溶液的浓度 c_0 和亚甲基蓝平衡溶液的浓度 c。

③ 根据式（2.18.1）计算颗粒状活性炭的比表面积。

八、思考题

1. 为什么用分光光度计测定亚甲基蓝溶液的浓度时，还要将溶液稀释到毫克每升级的浓度才能进行测定？

2. 溶液吸附法能否用来测定孔径较小的固体物质比表面积？固体物质在稀溶液中对溶质分子的吸附与固体物质在气相中对气体分子的吸附有什么异同？

3. 溶液产生吸附时，如何判断其是否达到平衡？

实验十九　黏度法测定高聚物的相对分子质量

一、实验目的

1. 了解黏度法测定高聚物的相对分子质量的基本原理和方法。
2. 掌握用乌氏黏度计测定高聚物溶液黏度的方法和原理。
3. 测定聚乙二醇的平均相对分子质量。

黏度法测定高聚物的相对分子质量

二、预习要求

1. 了解乌氏黏度计的结构和使用方法。
2. 了解测定高聚物的相对分子质量的原理和常用方法。
3. 理解高聚物的相对分子质量、黏度、相对黏度、增比黏度、比浓黏度和特性黏度等的概念。

三、实验原理

在高聚物的研究中，高聚物的相对分子质量是必须掌握的重要概念之一，它除了反映高聚物分子的大小，还影响抗拉强度、冲击韧性、硬度、黏合强度等物理性能。它在研究聚合反应机理和聚合物性能与结构的关系、控制聚合反应条件等方面也十分重要。高聚物是由单体分子通过加聚过程或缩聚过程得到的。由于聚合度的不同，每个高聚物分子的大小并非都相同，因此高聚物的相对分子质量大小不一，一般为 $10^3 \sim 10^7$，它通常是一个统计平均值。

测定高聚物的相对分子质量的方法很多，如黏度法、渗透压法、光散射法和超速离心沉降法等，用不同方法测定所得到的高聚物的相对分子质量有所不同。其中，黏度法需要的设备简单，操作方便，并且有相当好的实验精度，是常用的方法之一。但是，黏度法所用的特性黏度与相对分子质量的经验方程需要其他方法来确定，所以不是测定高聚物的相对分子质量的绝佳方法。

黏度反映的是液体流动时内摩擦力的大小。由于高聚物分子链的长度远大于溶剂分子，加上溶剂化作用，高聚物溶液在流动时受到较大的内摩擦力，表现为其黏度特别大。高聚物溶液在流动过程中的内摩擦力主要有溶剂分子之间的内摩擦力、高聚物分子与溶剂分子之间的内摩擦力和高聚物分子之间的内摩擦力三种。三种内摩擦力之和的大小以黏度表示，符号为 η。其中，溶剂分子之间的内摩擦力表现出来的黏度称为纯溶剂黏度，用 η_0 表示。在相同温度下，一般来说 $\eta > \eta_0$。相对于溶剂，溶液黏度增加的分数称为增比黏度，用 η_{sp} 表示，即

$$\eta_{sp} = \frac{\eta - \eta_0}{\eta_0} = \eta_r - 1 \tag{2.19.1}$$

式中，η_r 为相对黏度，是溶液黏度与溶剂黏度的比值，即

$$\eta_r = \frac{\eta}{\eta_0} \tag{2.19.2}$$

η_r 反映的是整个溶液的黏度行为，η_{sp} 则表示除了溶剂分子之间的内摩擦力的黏度行为。增比黏度往往随溶液浓度的增加而增大，因此将单位浓度下的增比黏度称为比浓黏度，用 η_{sp}/c 表示；$\ln\eta_r/c$ 则称为比浓对数黏度。在足够稀的高聚物溶液中，高聚物分子

之间彼此相隔极远，它们之间的相互作用可以忽略不计，此时有

$$\lim_{c \to 0} \frac{\eta_{sp}}{c} = \lim_{c \to 0} \frac{\ln \eta_r}{c} = [\eta] \tag{2.19.3}$$

式中，$[\eta]$ 为特性黏度，反映的是高聚物分子与溶剂分子之间的内摩擦力，其数值取决于溶剂的性质及高聚物分子的大小和形态。由于 η_r 和 η_{sp} 都是无量纲的量，因此 $[\eta]$ 的单位是浓度单位的倒数，常用 mL/g 表示。

在足够稀的高聚物溶液中，η_{sp}/c 与浓度 c、$\ln \eta_r/c$ 与浓度 c 可用经验公式表示为

$$\frac{\eta_{sp}}{c} = [\eta] + K'[\eta]^2 c \tag{2.19.4}$$

$$\frac{\ln \eta_r}{c} = [\eta] - \beta[\eta]^2 c \tag{2.19.5}$$

式中，K' 和 β 均为常数。

以 η_{sp}/c 对 c 作图或以 $\ln \eta_r/c$ 对 c 作图，外推到 $c \to 0$，求所得直线的截距值，均可获得 $[\eta]$，如图 2.19.1 所示。对于同一高聚物，用上述两个方程式作图，外推所得直线应相交于同一点，这也校核了实验的可靠性。但是，实验中存在一定误差，如果交点不在纵坐标上，就以 η_{sp}/c 对 c 作图求出特性黏度 $[\eta]$。

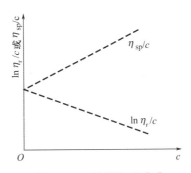

图 2.19.1　外推法求 $[\eta]$

当高聚物、溶剂和温度等确定后，特性黏度 $[\eta]$ 的值只与高聚物的相对分子质量 M 有关。目前它们之间的半经验关系常用马克-豪温克方程表示，即

$$[\eta] = K M_\eta^\alpha \tag{2.19.6}$$

式中，K 为比例常数；M_η 为平均相对分子质量（黏均分子量）；α 是与分子形状有关的马克-豪温克参数。K 值和 α 值都与温度、相对分子质量、溶剂性质等因素有关。K 值受温度的影响较明显，而 α 值主要取决于高聚物分子链在溶剂中舒展的程度，其数值介于 0.5～1。

由上述可以看出，高聚物的平均相对分子质量的测定可归结为溶液特性黏度 $[\eta]$ 的测定。测定溶液黏度的方法主要有毛细管法、转筒法和落球法。在测定高聚物分子的特性黏度时，用毛细管黏度计最方便。当液体在毛细管黏度计中因重力作用流出时，可通过泊肃叶定律来计算黏度，即

$$\eta = \frac{\pi r^4 \rho t}{8Vl} = \frac{\pi h \rho g r^4 t}{8Vl} \tag{2.19.7}$$

式中，r 为毛细管半径；ρ 为液体压强；t 为体积为 V 的液体流出毛细管的时间；h 为流经毛细管液体的平均液柱高度；g 为重力加速度；l 为毛细管长度。

对于某支指定的毛细管黏度计而言，在相同条件下测定两种液体的黏度时，它们的黏度之比等于密度与流出时间之比，即

$$\frac{\eta_1}{\eta_2}=\frac{\rho_1 t_1}{\rho_2 t_2} \qquad (2.19.8)$$

如果用已知黏度为 η_1 的液体作为参考液体，则待测液体的黏度 η_2 可通过上式求得。

因为通常测定的是稀溶液（$C<1\times10^{-2}\,\mathrm{g/cm^3}$），所以溶液的密度和溶剂的密度近似相等，$\eta_r$ 可写成

$$\eta_r=\frac{\eta}{\eta_0}=\frac{t}{t_0} \qquad (2.19.9)$$

式中，η 为溶液的黏度；η_0 为纯溶剂的黏度；t 为溶液的流出时间；t_0 为纯溶剂的流出时间。通过测定溶液和纯溶剂从毛细管中流出的时间，就可求得 η_r。

测定不同浓度下高聚物的相对黏度，即可求出 η_{sp}、η_{sp}/c 及 $\ln\eta_r/c$。作 $\eta_{sp}/c-c$ 和 $\ln\eta_r/c-c$ 图，外推到 $c\rightarrow0$ 时即可得到 $[\eta]$，在已知 K 值和 α 值的条件下，可由式(2.19.6)计算出高聚物的平均相对分子质量。

四、仪器、试剂与装置

仪器：恒温槽、乌氏黏度计、移液管（5mL、10mL）、秒表、洗耳球、螺旋夹、天平、橡皮管（约5cm长）。

试剂：聚乙二醇（A.R.）、蒸馏水。

黏度法测定高聚物的相对分子质量实验装置示意图如图2.19.2所示。

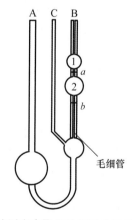

图2.19.2 黏度法测定高聚物的相对分子质量实验装置示意图

五、实验步骤

1. 准备仪器

① 先用洗液将乌氏黏度计洗净，再用自来水和蒸馏水分别冲洗几次（注意每次都要流过毛细管部分），洗好后烘干备用。

② 调节恒温槽，把温度控制在（25.0±0.1）℃。在黏度计的B管和C管上都套上橡皮管，然后将其垂直固定于恒温槽中，并使水面完全浸没球1。

2. 配制溶液

用天平称取聚乙二醇 2.0g，用 100mL 容量瓶配制聚乙二醇原始溶液。配制溶液时，先加入溶剂至容量瓶的 2/3 处，待其全部溶解后恒温 10min，再用同样温度的蒸馏水稀释至刻度。将配制好的聚乙二醇溶液和溶剂（蒸馏水）放入恒温槽中做恒温处理。

3. 测定纯溶剂的流出时间 t_0

用移液管移取 10mL 已恒温的蒸馏水，由 A 管注入乌氏黏度计中，再恒温 5min。用螺旋夹夹住 C 管口上的橡胶管，用洗耳球从 B 管将溶剂吸至球 1，然后同时松开 C 管上的螺旋夹和 B 管，使 B 管溶剂在重力作用下流经毛细管。记录溶剂液面通过标线 a 到标线 b 所用的时间。重复测定 3 次，任意两次时间相差应小于 0.3s，取其平均值，即为 t_0 值。

4. 测定不同浓度溶液的流出时间 t

① 取出乌式黏度计，倒出其中的液体后将其吹干。用移液管移取 10mL 已恒温的聚乙二醇原始溶液，同步骤 3 测定溶液的流出时间 t。

② 用移液管取 5mL 已恒温的溶剂从 A 管注入乌式黏度计中，用洗耳球从 C 管将溶液缓慢抽上流下数次，使之混合均匀，再如上面的步骤测定溶液的流出时间 t。

③ 依次加入 5mL、10mL、15mL 溶剂进行稀释，逐一测定不同浓度溶液的流出时间 t。

5、实验完毕

将溶液倒入回收瓶，用溶剂仔细冲洗乌式黏度计 3 次，最后用洗液浸泡，备用。

六、实验指导

1. 原理思路

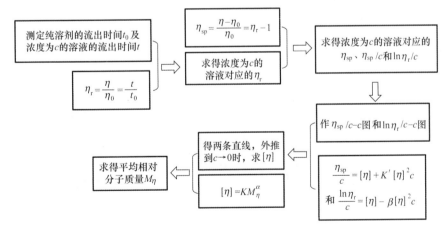

2. 实验流程图

3. 注意事项

① 乌式黏度计必须洁净、烘干。

② 安装乌式黏度计时必须使其垂直，测定时恒温槽搅拌器停止搅拌，防止振动乌式黏度计。

③ 高聚物在溶剂中溶解缓慢，配制溶液时必须保证其完全溶解。

④ 实验中溶液的稀释直接在乌式黏度计中进行，所用的溶剂必须先与溶液处在同一恒温槽中恒温，然后用移液管准确移取，并充分混合均匀后方可进行测定。

⑤ 实验中要保证毛细管中没有气泡，否则会影响测定结果。

七、数据记录及处理

1. 数据记录

将流出时间和黏度实验数据记录在表 2.19.1 中。

表 2.19.1 流出时间和黏度实验数据

室温_____℃　　　大气压_____kPa　　　恒温温度_____℃

	t_1/s	t_2/s	t_3/s	$t_{平均}/s$	η_r	$\ln\eta_r$	η_{sp}	η_{sp}/c	$\ln\eta_r/c$
蒸馏水									
聚乙二醇原始溶液									
+5mL 蒸馏水									
+10mL 蒸馏水									
+15mL 蒸馏水									
+20mL 蒸馏水									

2. 数据处理

① 作 $\eta_{sp}/c - c$ 和 $\ln\eta_r/c - c$ 图，并外推到 $c \to 0$，由截距求出 $[\eta]$。图中如果出现图 2.19.3 所示的三种异常现象，就以 $\eta_{sp}/c - c$ 图求出 $[\eta]$ 值。

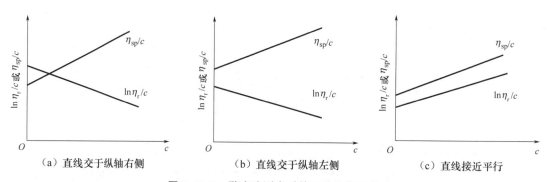

图 2.19.3　黏度法测定时的三种异常现象

② 由式（2.19.6）计算聚乙二醇的黏均分子量。

八、思考题

1. 乌氏黏度计中的 C 管有什么作用？除去 C 管是否还可以测定黏度？

2. 乌式黏度计中毛细管的粗细对实验结果有什么影响？

3. 为什么用 $[\eta]$ 求高聚物的平均相对分子质量？它和纯溶剂的黏度有无区别？

4. 黏度法测定高聚物的相对分子质量有什么局限性？该方法适用的高聚物的相对分子质量的范围是多少？

实验二十　电泳法测定 Fe(OH)$_3$ 溶胶的电动电势

一、实验目的

1. 掌握 Fe(OH)$_3$ 溶胶的制备和纯化方法。

2. 掌握电泳法测定 Fe(OH)$_3$ 溶胶电动电势的原理和技术。

3. 掌握测定 Fe(OH)$_3$ 溶胶电泳速度的方法。

4. 考查电解质对溶胶的聚沉作用。

二、预习要求

1. 了解溶胶的电化学性质和双电层结构，以及电动电势与溶胶稳定性的关系。

2. 了解溶胶的特点和一般制备方法。

3. 了解界面移动法测定溶胶电泳速度的原理和方法。

三、实验原理

溶胶是一个高分散的多相体系，其分散相胶体粒子的直径为 $1\sim100$nm。溶胶的制备方法可分为两大类：一类是分散法，即把较大的物质颗粒分散成胶体大小的质点；另一类是凝聚法，即把难溶物分子或离子的过饱和溶液聚结成胶体粒子。

在制得的溶胶中常含有一些电解质和其他杂质，其中除部分电解质与胶体粒子表面所吸附的离子维持平衡外，过多的电解质会影响溶胶的稳定性，因此刚制备的溶胶需要纯化。利用多孔膜可除去留在溶胶中的其他杂质，离子和小分子中性物质通过膜扩散到纯溶剂中，不断地更换纯溶剂即可把溶胶中的杂质除去，这种方法称为半透膜渗析法。通过提高渗析温度来提高渗析速度的方法称为热渗析法。纯化时将刚制备的溶胶装在半透膜袋内，浸入蒸馏水中，多次更换蒸馏水即可达到纯化的目的。

由于溶胶本身的电离或胶体粒子在分散相介质中选择性地吸附离子，胶体粒子表面具有一定量的电荷，在分散相中存在反离子，整个溶胶体系呈电中性。由于静电吸引作用和热扩散运动两种效应的共同作用，两相界面上形成双电层结构（图 2.20.1）。一部分反离子紧密地吸附在胶核表面，形成紧密层，成为胶体粒子的一部分；另一部分反离子呈扩散状态分布于分散相中，形成扩散层，扩散层的厚度随外界而改变，扩散层中反离子分布符合玻尔兹曼分布规律。从紧密层的外界到溶液本体的电位差称为电动电势或ζ电势。ζ电势

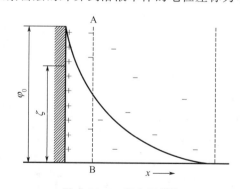

图 2.20.1　双电层结构

的绝对值越大，表明胶体粒子荷电越多，胶体粒子之间斥力越大，溶胶越稳定。

原则上，任何一种溶胶的电动现象（如电渗、电泳、流动电势、沉降电势）都可用来测定ζ电势，最方便的是利用电泳现象来测定。在外加电场中，荷电的胶体粒子与分散介质间会发生相对移动；若分散介质不动，胶体粒子向阳极或阴极移动，这种现象称为电泳。

电泳法又分为两类，即宏观法和微观法。宏观法是观察溶胶与另一不含胶体粒子的无色导电液体的界面在电场中的移动速度，其原理如图 2.20.2 所示。微观法则是直接观察单个胶体粒子在电场中的泳动速度。对于高分散的溶胶，如 As_2S_3 溶胶、$Fe(OH)_3$ 溶胶或过浓的溶胶，个别胶体粒子的运动不易观察，故只能用宏观法。对于颜色太淡或浓度过稀的溶胶，则适宜用微观法。

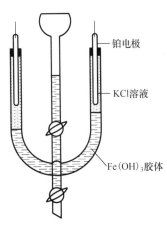

图 2.20.2　宏观法的原理

在 U 形电泳管中先加入红棕色的 $Fe(OH)_3$ 溶胶，然后在溶胶液面上小心地加入无色的稀 KCl 溶液，使溶胶与溶液之间有明显的界面，在 U 形电泳管的两端各插入一根电极，通电到一定时间后，可以观察到 $Fe(OH)_3$ 溶胶的红棕色界面向负极上升，正极下降，这说明 $Fe(OH)_3$ 胶体粒子带正电荷。

溶胶电泳过程中，在 t 时间内 U 形电泳管中溶胶-溶液界面在电场作用下移动的距离为 d，则溶胶的电泳速率 v（m/s）为

$$v = \frac{d}{t} \tag{2.20.1}$$

在电泳管两极间接上电势差 E(V) 后，相距为 l(m) 的两极间的电势梯度 H($\text{V} \cdot \text{m}^{-1}$) 为

$$H = \frac{E}{l} \tag{2.20.2}$$

溶胶 ζ 电势为

$$\zeta = \frac{K\pi\eta l v}{\varepsilon H} \tag{2.20.3}$$

式中，K 为与胶粒形状有关的常数〔对球形粒子，$K = 5.4 \times 10^{10}\ \text{V}^2 \cdot \text{s}^2/(\text{kg} \cdot \text{m})$；对棒形粒子，$K = 3.6 \times 10^{10}\ \text{V}^2 \cdot \text{s}^2/(\text{kg} \cdot \text{m})$，本实验胶粒为棒形粒子〕；$\eta$ 为介质的黏度〔单位为 $\text{kg}/(\text{m} \cdot \text{s})$〕；$\varepsilon$ 为介质的介电常数。

胶体粒子带电是溶胶能长期稳定存在的主要原因。相同电性的胶体粒子之间相互排斥，阻碍离子的聚集，从而使溶胶稳定。如果向溶胶中加入电解质，电解质中的反离子进入溶胶紧密层，胶体粒子所带电荷减少，ζ 电势降低，导致胶体粒子间静电排斥作用减弱，胶体粒子会聚结沉降。电解质在一定时间内使一定量的溶胶发生明显聚沉所需的最小浓度称为聚沉值，其大小主要取决于电解质中反离子的价数。聚沉值越小，电解质对溶胶的聚沉能力越强。

四、仪器、试剂与装置

仪器：DDS-307A 型电导率仪、DDY-1C 型电泳仪、U 形电泳管、铂电极、秒表、水浴锅、烧杯（250mL、800mL）、锥形瓶（250mL）、漏斗、滴管、移液管、试管。

试剂：$FeCl_3$ 溶液（20%）、$AgNO_3$ 溶液（1%）、KSCN 溶液（1%）、pH 试纸、细铜丝、火棉胶溶液（6%，溶剂为乙醇与乙醚体积比 1∶3）、KCl 溶液（0.1mol/L）、K_2SO_4 溶液（0.1mol/L）、$K_3[Fe(CN)_6]$ 溶液（0.01mol/L）、去离子水。

电泳法测定 $Fe(OH)_3$ 溶胶电动电势的实验装置示意图如图 2.20.3 所示。

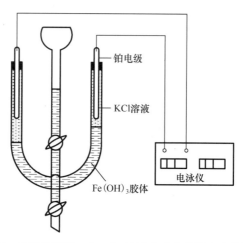

铂电级

KCl溶液

$Fe(OH)_3$胶体

电泳仪

图 2.20.3　电泳法测定 $Fe(OH)_3$ 溶胶电动电势的实验装置示意图

五、实验步骤

1. 制备半透膜

取一内壁洁净、干燥的 250mL 锥形瓶，在瓶中倒入火棉胶溶液约 30mL，小心转动锥形瓶，使火棉胶溶液在锥形瓶内壁上形成均匀薄层，倒出多余的火棉胶溶液。此时锥形瓶仍需倒置，并继续旋转至火棉胶膜失去流动性，同时待乙醚蒸发完（用手指轻触火棉胶膜不再黏手）。往胶膜与瓶壁夹层中注水，使胶膜和瓶壁脱离，轻轻取出，此胶膜即为半透膜。半透膜中的水应能逐渐渗出，否则不符合要求。半透膜不用时，要保存在水中。

2. 水解法制备 $Fe(OH)_3$ 溶胶

在 250mL 的烧杯中加入 100mL 蒸馏水，加热至沸腾，逐滴加入 5～10mL 20% 的 $FeCl_3$ 溶液，并不断搅拌，加完后继续保持沸腾 5min，即可得到红棕色的 $Fe(OH)_3$ 溶胶。

3. 热渗析法纯化 Fe(OH)₃ 溶胶

将制得的 Fe(OH)₃ 溶胶置于半透膜袋内，用线拴住袋口，置于 800mL 的洁净烧杯中。在烧杯中加入去离子水约 300mL，将烧杯放入水浴锅内加热，使温度保持在 60～70℃进行热渗析。约 15min 换一次水，然后取出 1mL 渗析水用 1%的 AgNO₃ 溶液和 1%的 KSCN 溶液分别检查其中是否存在 Cl⁻ 和 Fe³⁺，并用 pH 试纸检验溶液的酸碱性，直至检查不出 Cl⁻ 和 Fe³⁺ 及 pH＝6 时为止。将纯化过的 Fe(OH)₃ 移置于 250mL 干燥的烧杯中待用。

4. 配制辅助液

KCl 溶液作为辅助液，其浓度按其电导率与溶胶的电导率相等的原则配制。先测定溶胶的电导率，然后测定 KCl 溶液的电导率。采用加入 KCl 溶液或加入去离子水的方法调节 KCl 溶液的电导率，使之与溶胶的电导率相等。

5. 电泳法测定 Fe(OH)₃ 溶液的电动电势

① 将准备好的 KCl 溶液（辅助液）注入 U 形电泳管中。注入时应先将中部管的活塞打开，缓慢加入，当辅助液液面刚高过活塞时，立即将活塞关闭，再继续加辅助液至在 U 形电泳管中约 10cm 高处，这样可防止活塞中有气泡。

② 将待测的 Fe(OH)₃ 溶胶从漏斗加入电泳管中部管，然后缓慢开启活塞，使溶胶缓慢进入 U 形电泳管中，这时可观察到 Fe(OH)₃ 溶胶与 KCl 溶液之间有一明显的界面，并且上部 KCl 溶液液面随 Fe(OH)₃ 溶胶缓慢进入 U 形电泳管而升高。当 KCl 溶液浸没电极一定高度后，关闭活塞，记下界面高度，并做记号。

③ 将两电极分别插入溶液中约 1cm 处，打开电泳仪直流电源，调节输出电压至 30～40V，同时开启秒表开始计时，并记下此时的界面高度。30min 后断开电源，观察界面位置的变化，并量取界面移动的距离。

④ 用细铜丝沿 U 形电泳管测量两电极间的导电距离 l，测量 4 次，取平均值。

⑤ 取 5 支试管，用移液管移取 10mL KCl 溶液于第 1 支试管中，然后从中移取 1mL 注入第 2 支试管，并加入 9mL 蒸馏水；从第 2 支试管中移取 1mL 溶液注入第 3 支试管，并加入 9mL 蒸馏水；依次配好第 4 支和第 5 支试管中的溶液，从第 5 支试管中移出 1mL 溶液并弃掉。分别向 5 支试管中加入 Fe(OH)₃ 溶胶 1mL，振荡均匀，记录时间。15min 后观察各试管中的现象，记录使溶胶发生明显聚沉的电解质的最小浓度。以相同的方法考察 K₂SO₄ 溶液和 K₃[Fe(CN)₆] 溶液对 Fe(OH)₃ 溶胶的聚沉作用。

六、实验指导

1. 原理思路

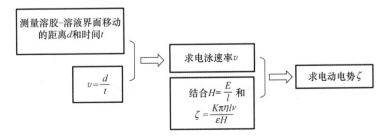

2. 实验流程图

制备半透膜 ⇒ 水解法制备 Fe(OH)₃溶胶 ⇒ 热渗析法纯化 Fe(OH)₃溶胶 ⇒ 配制辅助液 ⇒ 电泳法测定Fe(OH)₃溶胶的电动电势

3. 注意事项

① 一定要将电泳仪清洗干净，避免混入杂质影响溶胶的ζ电势，甚至使溶胶凝聚。

② 电泳时间不宜过长，长时间通电会使溶胶和辅助液发热，接近 U 形电泳管管壁的溶胶或辅助液散热，使管中间部分有较高的温度，溶液会因密度差引起对流，使界面不清晰。

③ 量取两电极间的导电距离时，要沿着 U 形电泳管的中心线量取，两电极间的导电距离要准确测量，界面上升的距离也要准确测量。

七、数据记录及处理

1. 数据记录

将 Fe(OH)₃ 溶胶的 ζ 电势测定实验数据记录在表 2.20.1 中。

表 2.20.1　Fe(OH)₃ 溶胶的 ζ 电势测定实验数据

室温_____℃　　　　　η_____Pa·s　　　　　ε_____

电泳时间 t/s	电压 U/V	电极距离 l/m	界面移动距离 d/m	电泳速率 v/ (m·s⁻¹)

2. 数据处理

① 根据电泳时间 t 与界面移动距离 d，求电泳速率 v。

② 计算 ζ 电势，并指出胶体粒子所带的电荷符号。

③ 比较 KCl 溶液、K₂SO₄ 溶液和 K₃[Fe(CN)₆] 分别对 Fe(OH)₃ 溶胶的聚沉值。分析它们的聚沉能力。

八、思考题

1. 电泳速率的快慢与哪些因素有关？

2. KCl 溶液作为辅助液，为什么要求其电导率与溶胶的电导率相等？

3. 溶胶纯化不严格时，为什么会使界面不清晰？

4. 除用电泳法证明胶体粒子的电荷外，还可以用什么实验方法？

拓展：DDS-307A 型电导率仪的使用

DDS-307A 型电导率仪的优点：①仪器采用段码式液晶屏；②可同时显示电导率/温度值，显示清晰；③具有电导电极常数补偿功能及溶液的手动、自动温度补偿功能；④可靠性好；⑤测量速度快；⑥操作方便。

1. DDS-307A 型电导率仪面板

DDS-307A 型电导率仪前面板和背板示意图分别如图 2.20.4 和图 2.20.5 所示。

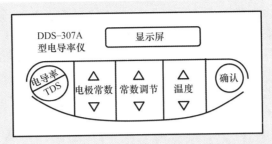

图 2.20.4　DDS-307A 型电导率仪前面板示意图

图 2.20.5　DDS-307A 型电导率仪背板示意图

2. DDS-307A 型电导率仪使用方法

①开机前，将电导电极和温度电极接入仪器背板，并将两电极置于电极架上，用蒸馏水清洗电极。

②将电源线与仪器电源插座相连，接通电源，打开仪器开关，仪器进入测量状态。仪器预热 30min 后，进行仪器使用前的校准。

③温度设置。在不接温度电极的情况下，用温度计测出被测溶液的温度，按温度的"▲"键或"▼"键调节温度显示值，使温度显示为被测溶液的温度，按"确认"键，即完成当前温度的设置。若放弃设置，按"电导率/TDS"键，返回测量状态。

④电极常数设置。目前电导电极的电极常数有 0.01、0.1、1.0 和 10 四种类型。每种类型的电极常数均粘贴在每支电导电极上，根据电导电极上所标的电极常数进行设置。按"电极常数"键或"常数调节"键，仪器进入电极常数设置状态。

a. 电极常数为"1.0"的数值设置。按电极常数的"▲"键或"▼"键，使电极常数在 10、1.0、0.1、0.01 之间转换。如果电导电极常数为"1.010"，则选择"1.0"，并按"确认"键，再按常数调节的"▲"键或"▼"键，使常数数值显示"1.010"，按"确认"键，完成电极常数的数值设置。此时电极常数为仪器显示的上下两组数值的乘积（1.0×1.010）。若放弃设置，按"电导率/TDS"键，返回测量状态。

b. 电极常数为"0.1"的数值设置。按电极常数的"▲"键或"▼"键，使电极常数在 10、1.0、0.1、0.01 之间转换。如果电导电极常数为"0.1010"，则选择"0.1"，并按"确认"键，再按常数调节的"▲"键或"▼"键，使常数数值显示"1.010"，按"确认"键，完成电极常数的设置。此时电极常数为仪器显示的上下两组数值的乘积（0.1×1.010）。若放弃设置，按"电导率/TDS"键，返回测量状态。

c. 电极常数为"0.01"的数值设置。按电极常数的"▲"键或"▼"键，使电极常数在 10、1.0、0.1、0.01 之间转换。如果电导电极常数为"0.01010"，则选择"0.01"，并按"确认"键，再按常数调节的"▲"键或"▼"键，使常数数值显示"1.010"，按"确认"键，完成电极常数的设置。此时电极常数为仪器显示的上下两组数值的乘积（0.01×1.010）。若放弃设置，按"电导率/TDS"键，返回测量状态。

d. 电极常数为"10"的数值设置。按电极常数的"▲"键或"▼"键，使电极常数在10、1.0、0.1、0.01之间转换。如果电导电极常数为"10.10"，则选择"10"，并按"确认"键，再按常数调节的"▲"键或"▼"键，使常数数值显示"1.010"，按"确认"键，完成电极常数的设置。此时电极常数为仪器显示的上下两组数值的乘积（10×1.010）。若放弃设置，按"电导率/TDS"键，返回测量状态。

⑤ 测量电导率。根据电导率测量范围选择对应的电极常数（表2.20.2），设置完成，按"电导率/TDS"键，仪器进入电导率测量状态。用蒸馏水清洗电导电极和温度电极头部，再用待测溶液清洗一次，将两电极浸入待测溶液中，用玻璃棒搅拌待测溶液使其均匀，在显示屏上读取溶液的电导率值。

表 2.20.2　电导率测量范围及对应的电极常数

电导率测量范围 /($\mu S \cdot cm^{-1}$)	对应电极常数 /cm^{-1}	电导率测量范围 /($\mu S \cdot cm^{-1}$)	对应电极常数 /cm^{-1}
0~2	0.01、0.1	2000~20000	1.0、10
2~200	0.1、1.0	20000~100000	10
200~2000	1.0		

3. 注意事项

① 电极使用前必须放入蒸馏水中浸泡数小时，经常使用的电极应贮存在蒸馏水中。

② 为保证测量精度，在使用仪器前，应对电极常数进行重新设定。

③ 在测量高纯水时，应避免污染，正确选择电导电极的常数，最好采用密封、流动的测量方式。

④ 电极使用前需用小于0.5μS/cm的去离子水（或蒸馏水）清洗两次，然后用待测溶液冲洗后，方可进行测量。

实验二十一 水溶性表面活性剂的临界胶束浓度的测定

一、实验目的

1. 掌握用电导法测定水溶性表面活性剂的临界胶束浓度的原理和方法。

2. 了解表面活性剂的特性及胶束形成的原理。

3. 掌握电导率仪的使用方法。

二、预习要求

1. 了解表面活性剂的特性、胶束形成原理及临界胶束浓度的定义。

2. 了解测定临界胶束浓度的常用方法。

3. 了解用电导法测定离子型表面活性剂临界胶束浓度的原理和意义。

三、实验原理

表面活性剂是指由同时含有极性基团和非极性基团结构的分子组成的物质，具有润湿、乳化、去污、分散、增溶和起泡等性质。表面活性剂进入水中，在低浓度时呈分子状态，并且亲水基团分散在水中，在表面层定向排列，形成溶液的表面吸附，使得表面张力随表面活性剂浓度的增加而急剧下降。当溶液浓度加大到一定程度时，溶液的表面吸附达到饱和，许多表面活性物质分子的疏水基团相互靠拢，结合成基团，形成胶束，如图 2.21.1 所示。以胶束形式存在于水中的表面活性物质是比较稳定的，表面活性物质在水中形成胶束所需的最低浓度称为临界胶束浓度（critial micelle concentration，CMC）。

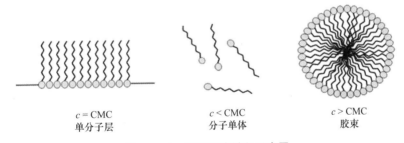

| $c = CMC$ | $c < CMC$ | $c > CMC$ |
| 单分子层 | 分子单体 | 胶束 |

图 2.21.1　胶束形成过程示意图

在 CMC 点上，表面活性剂水溶液的物理及化学性质（如表面张力、电导率、渗透压、浊度等）与浓度的关系曲线出现明显的转折，如图 2.21.2 所示。表面张力作用发生在 CMC 之前，而去污能力、电导、增溶作用则在 CMC 后更为明显，去污能力、电导、增溶作用只有在浓度稍高于 CMC 时才能充分体现。因此，CMC 是量度表面活性剂表面活性的一项重要指标。CMC 越小，表示此种表面活性剂形成胶束所需的浓度越低，即只要很少的表面活性剂就可起到润湿、乳化、去污、分散、增溶和起泡等作用。掌握测定 CMC 的方法及影响 CMC 的因素对于深入研究表面活性剂的物理及化学性质至关重要。

测定 CMC 的方法很多，如表面张力法、增溶法、染料吸附法和电导法等。电导法是测定离子型表面活性剂的经典方法，简便可靠，但此法只限于离子型表面活性剂的测定。对于离子型表面活性剂，当溶液浓度很小时，其电导率的变化规律和强电解质一样。当溶液浓度达到 CMC 时，随着胶束的生成，电导率会发生突变，摩尔电导率也会急剧下降，

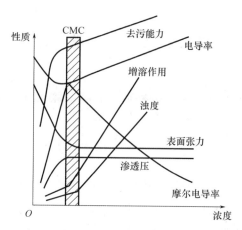

图 2.21.2　表面活性剂水溶液的物理及化学性质和浓度的关系

这就是用电导法测定 CMC 的依据。本实验利用离子型表面活性剂水溶液的电导率随浓度的变化关系，作 $\kappa - c$ 曲线与 $\Lambda_m - c^{1/2}$ 曲线，由曲线的转折点求 CMC。

四、仪器与试剂

仪器：DDS-307A 型电导率仪、容量瓶（50mL、100mL）、锥形瓶（50mL）、恒温槽、电子天平。

试剂：十二烷基硫酸钠（A. R.）、电导水。

五、实验步骤

1. 准备仪器

打开电导率仪开关，预热 10min。调节恒温槽温度至 25℃或其他合适温度。

2. 配制溶液

先将十二烷基硫酸钠在 80℃下烘干 3h，用电子天平称取所需的质量，再用电导水配制 0.2000mol/L 的十二烷基硫酸钠溶液 100mL。将配制好的十二烷基硫酸钠溶液用电导水稀释成浓度分别为 0.002mol/L、0.004mol/L、0.005mol/L、0.006mol/L、0.007mol/L、0.008mol/L、0.009mol/L、0.010mol/L、0.012mol/L、0.014mol/L、0.016mol/L、0.018mol/L、0.020mol/L 的十二烷基硫酸钠溶液，各取 50mL。

3. 测定各浓度的十二烷基硫酸钠溶液的电导率

用电导率仪按从稀到浓的顺序分别测定上述各浓度的十二烷基硫酸钠溶液的电导率。用后一个待测溶液荡洗前一个溶液使用过的电导池及电导电极 3 次以上，各溶液测定时必须恒温 15min，每个溶液的电导率读数 3 次，取平均值。

4. 实验完毕

洗净电导池和电导电极，用蒸馏水浸泡电导电极，并测量电导水的电导率。

六、实验指导

1. 实验流程图

2. 注意事项

① 电导电极不使用时应浸泡在蒸馏水中，使用时用滤纸轻轻吸干水分，不可用纸擦拭电极上的铂黑，以免影响电极常数。

② 配制各浓度的十二烷基硫酸钠溶液时，由于有泡沫，因此要注意所配溶液浓度的准确性。

③ 测定各浓度的十二烷基硫酸钠溶液的电导率时，必须恒温 15min 后进行。

④ 测定各浓度的十二烷基硫酸钠溶液的电导率时，电导电极与液面的距离应尽量保持一致。

七、数据记录及处理

1. 数据记录

将各浓度的十二烷基硫酸钠溶液的电导率及摩尔电导率实验数据记录在表 2.21.1 中。

表 2.21.1 各浓度的十二烷基硫酸钠溶液的电导率及摩尔电导率实验数据

$c/(\text{mol} \cdot \text{L}^{-1})$	$c^{1/2}$	$\kappa/(\text{S} \cdot \text{m}^{-1})$	$\Lambda_m/(\text{S} \cdot \text{m}^2 \cdot \text{mol}^{-1})$
0.002			
0.004			
0.005			
0.006			
0.007			
0.008			
0.009			
0.010			
0.012			
0.014			
0.016			
0.018			
0.020			

2．数据处理

作 $\kappa - c$ 图与 $\Lambda_m - c^{1/2}$ 图，沿低浓度和高浓度的直线部分，作两条直线的外延，交点对应的浓度即为 CMC。

八、思考题

1．可用什么实验方法验证测得的 CMC 是否准确？

2．非离子型表面活性剂能否用电导法测定 CMC？若不能，可用什么方法测定？

3．实验中影响 CMC 的因素有哪些？

第三章

基本测量技术

第一节　温度的测量与控制

温度是表征物质冷热程度的物理量，温度的变化能反映物质内部大量分子和原子平均动能的增加或减少。系统的许多性质都与温度密切相关，因而温度也是确定系统状态的一个基本参数。温度无法直接测量，通常只能通过测温系统的某些物理量间接获得。

一、温标

温标是用来量度物体温度数值的标尺。温标的确定包括以下三个方面。

(1) 选择测温物质。测温物质的某种物理性质如体积、压力、电阻、温差电势和辐射波等与温度有单值函数关系。

(2) 确定基准点。温度的绝对值需要标定，通常选用某些高纯物质的相平衡温度作为温标的基准点。

(3) 划分温度值。基准点确定后，还要确定基准点间的分隔，即划分温度值。

最常用的温标主要有热力学温标、摄氏温标和国际实用温标三种。

① 热力学温标。热力学温标又称开尔文温标或绝对温标，是一种建立在卡诺循环基础上，与测温物质无关的、理想的、科学的温标。用热力学温标确定的温度称为热力学温度，其符号为 T，单位符号为 K。热力学温标用水的三相点作为单一固定点，其热力学温度为 273.16K，1K 等于水的三相点热力学温度的 1/273.16。

② 摄氏温标。摄氏温标是用水银玻璃温度计测量温度的。在标准大气压下，以水的凝固点及沸点作为两个固定点，在这两点间划分 100 等份，每等份为 1℃。摄氏温标符号为 t，单位符号为℃。热力学温度与摄氏温度的换算关系是 $T/\mathrm{K}=273.15+t/℃$。

③ 国际实用温标。国际实用温标是一个国际协议性温标。由于气体温度计的装置复杂，使用很不方便，为了统一国际上的温度量值，1927 年第七届国际计量大会决定采用国际温标 (ITS-27)，此温标的设计使其尽可能等于热力学温标的对应值。随着科学技术的发展，此温标经历了多次修订，现在采用的是 1990 年修订的国际温标 (ITS-90)。

二、温度计

利用测温物质的某种与温度密切相关而又能严格复现的物理性质，可以制成各种类型的测温仪器——温度计。

1. 水银温度计

水银温度计是实验室中常用的温度计。水银具有热导率大、比热容小、膨胀系数均匀、容易提纯、不黏附于玻璃等特性，水银温度计则有相当大的温度测量范围大（$-35\sim$360℃）、构造简单及读数方便等优点。

大部分的水银温度计都属于全浸式水银温度计，使用时需将其完全置于被测系统中，使两者完全达到热平衡后读数。但是，实际应用中很难做到这一点，因为除此之外，还有很多其他因素也可能影响测量的准确性。常见的误差产生原因主要有玻璃毛细管内径不均匀、水银球受热后体积发生变化，以及全浸式水银温度计局部浸入使用等。因此，在用普通水银温度计进行准确测量时，应进行必要的校正。下面介绍三种常用的校正方法。

（1）示值校正。示值校正用于校正由于毛细管内径不均匀、水银和玻璃的膨胀系数呈非线性关系造成的读数误差。用标准温度计与待校温度计进行比较，将其全部浸入同一恒温槽中，两个水银球应尽量接近；设定恒温槽温度，待温度稳定 10min 后，记录两支温度计的读数。逐渐升高恒温槽温度，记录系列数据，作标准温度计﹣待校温度计读数图，即得待校温度计读数的校正曲线。

（2）零点校正。水银温度计下端的水银球受热后体积发生变化，导致温度读数与真实值不符，因此需要零点校正。校正时既可以通过与标准温度计进行比较，也可以通过用纯物质的相变点进行标定。零点校正中最常用的是冰水混合体系。

（3）露茎校正。对于全浸式水银温度计，使用时要求将毛细管中水银柱全部浸入被测系统中，以使整个水银柱的温度与水银球的温度相同，若有部分露在被测体系外，就会因温度差而引起读数误差，故需对露出部分（露茎）进行校正，即露茎校正（图 3.1.1）。校正时将一支辅助温度计靠近测量温度计，并将辅助温度计的水银球置于测量温度计露在空气部分的水银柱中部，测量出露茎的平均环境温度（$t_环$）。

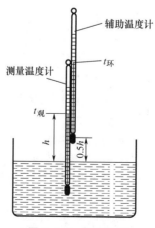

图 3.1.1　露茎校正

校正值 $\Delta t_{露茎}$ 由式（3.1.1）进行计算，即

$$\Delta t_{露茎} = K \times h(t_{观} - t_{环}) \tag{3.1.1}$$

式中，K 是水银对玻璃的相对膨胀系数，$K = 0.00016$；h 是露出的水银柱的高度（露茎高度），用温度差值（℃）表示；$t_{观}$ 为系统温度（测量温度计上的读数）；$t_{环}$ 为环境温度（辅助温度计上的读数）。

校正后待测系统的温度由式（3.1.2）表示为

$$t_{真实} = t_{观} + \Delta t_{露茎} \tag{3.1.2}$$

2. 温差测量温度计

在物理化学实验中，对于系统的热量变化过程而言，精确测量系统的温差往往比准确测量系统本身的温度更重要。下面主要介绍两种温差测量温度计。

（1）贝克曼温度计。

贝克曼温度计是专门用于精密测量温差的温度计，其构造示意图如图 3.1.2 所示。水银球与贮汞槽由均匀的毛细管连通，其中除水银外均是真空的。刻度尺上的刻度范围一般只有 5℃ 或 6℃，最小刻度为 0.01℃，可以估计到 0.002℃。贮汞槽用来调节水银球内的水银量。贝克曼温度计用于测量系统温度在 −20～155℃ 范围内不超过 5℃ 或 6℃ 的温差。

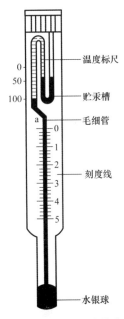

图 3.1.2　贝克曼温度计构造示意图

使用贝克曼温度计时，应根据待测系统的温度调整其水银球内的水银量。如用贝克曼温度计测定凝固点降低时，则在纯溶剂的凝固点时水银面应在刻度尺的 1℃ 附近。在使用时，如果水银量过少，毛细管中水银面达不到这一刻度值，则将贮汞槽中的水银适量转移至水银球中，使毛细管中的水银面在温度标尺的合适位置。

在实验中，由于贝克曼温度计使用不便，因此它将逐步被精密数字温度温差仪所取代。

（2）精密数字温度温差仪。

精密数字温度温差仪是在数字贝克曼温度计的基础上设计、开发的新产品，功能和数

字贝克曼温度计一样，可用于精密测量温度温差。该仪器能实现温度、温差和定时显示，具有定时读数报警、基温自动选择、基准温差采零、温差超量程自动显示、基温锁定（避免因基温换挡而影响实验数据的可靠性），以及可与计算机连接使用等功能。精密数字温度温差仪以热电偶传感器作探头，灵敏度高，稳定性好，分辨率高。此外，该仪器便携，操作简单，使用方便。物理化学实验中常用的是 SWC-ⅡD 精密数字温度温差仪。

  3. 热电偶温度计

  热电偶温度计是以热电效应为基础的测温仪表。自 1821 年塞贝克发现热电效应起，热电偶的发展已经经历了两个世纪有余。热电偶温度计具有结构简单、测量范围宽、使用方便、测温准确可靠，以及信号便于远传、自动记录和集中控制等优点，因而在工业生产中和物理化学实验中应用普遍。

  （1）工作原理。

  将两种不同材料的导体或半导体 A 和 B 的两端焊接，构成热电偶闭合回路，如图 3.1.3 所示。如果将它的两个接合点分别置于温度为 T 和 T_0（假设 $T > T_0$）的热源中，在热电偶闭合回路中就会产生电动势，这种现象称为热电效应，而这种电动势称为热电势。在热电偶闭合回路中所产生的热电势由温差电势和接触电势组成。

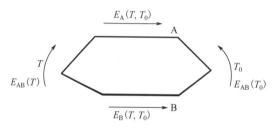

图 3.1.3 热电偶闭合回路

  ① 温差电势。温差电势是在同一导体的两端因为温差产生的一种热电势。因为高温端的电子能量比低温端的电子能量大，所以从高温端到低温端的电子数比从低温端到高温端的电子数多，这就使高温端因为失去电子而带正电荷，低温端因为得到电子而带负电荷，在导体的两端产生相应的电势差，即温差电势。在图 3.1.3 中，导体 A 和导体 B 的温差电势分别用 $E_A(T, T_0)$ 和 $E_B(T, T_0)$ 表示。

  ② 接触电势。与温差电势不同，接触电势是因为导体 A 和导体 B 的自由电子密度不同（假设 $N_A > N_B$）。在两者接触时，自由电子在两个方向上扩散的速率不同，从导体 A 到导体 B 的自由电子数要比从导体 B 到导体 A 的自由电子数多，这就使导体 A 因为失去电子而带正电荷，导体 B 因为得到电子而带负电荷，在导体 A 和导体 B 接触面就形成一个从导体 A 到导体 B 的静电场 E，因而在导体 A 和导体 B 之间就形成电势差，即接触电势。在图 3.1.3 中，导体 A 和导体 B 之间的接触电势分别用 $E_{AB}(T)$ 和 $E_{AB}(T_0)$ 表示，其数值取决于两种不同导体的性质和接触点的温度。在热电偶闭合回路中的总热电势 $E_{AB}(T, T_0)$ 为

$$E_{AB}(T, T_0) = E_{AB}(T) + E_B(T, T_0) - E_{AB}(T_0) - E_A(T, T_0) \tag{3.1.3}$$

  由于热电偶的接触电势远大于温差电势，因此总热电势 $E_{AB}(T, T_0)$ 的方向取决于 $E_{AB}(T)$ 的方向。热电偶的总热电势与自由电子密度和两接触点的温度有关。自由电子密

度不仅取决于热电偶材料的特性，而且它随温度变化，并非常数。因此，当热电偶材料一定，低温端温度 T_0 保持恒定时，其总热电势与温度之间的单值函数关系为

$$E_{AB}(T,T_0) = f(T) - C \tag{3.1.4}$$

（2）常用热电偶。

① 铂铑 10 - 铂热电偶。铂铑 10 - 铂热电偶的正极为铂铑合金，负极为纯铂。由于铂铑合金容易制备且纯度极高，因此该热电偶便于复制，测温精度高，可作为国际实用温标中 630.74～1064.43℃的基准热电偶。铂铑合金化学稳定性好，宜在氧化性和惰性气氛中使用；它的熔点较高，故铂铑 10 - 铂热电偶的测温上限也高，可在 0～1300℃的环境中长时间使用。该热电偶的主要缺点是：价格昂贵；热电势小，并且热电势与温度间的关系是非线性的；在高温下热电极会升华，铑分子渗透到铂极中会污染铂电极，导致热电势不稳定。

② 镍铬-镍硅热电偶。镍铬-镍硅热电偶是由镍铬和镍硅制成的。这类热电偶有较强的抗氧化性和抗腐蚀性，化学稳定性好，热电势较大，热电势与温度间的关系是线性的。镍铬-镍硅热电偶的缺点是在 500℃以上和还原性介质中，以及在含硫化物的气氛中易被腐蚀，因此在这些气氛中使用时，必须加保护套管。其测温精度低于铂铑 10 - 铂热电偶。

③ 镍铬-考铜热电偶。这种热电偶热电势大，灵敏度高，价格便宜；但它不能用于高温的测量，测温上限为 800℃。

④ 铂铑 30 - 铂铑 6 热电偶（简称双铂铑热电偶）。双铂铑热电偶的抗沾污能力强，在 1800℃下仍有很好的稳定性。但是，双铂铑热电偶的灵敏度较低，使用时应配灵敏度较高的显示仪表。在室温下，温度对热电势的影响极小，故使用时一般不需要进行温度补偿。

⑤ 铜-康铜热电偶。铜-康铜热电偶的两种材料不仅易于加工成漆包线，而且可以拉成细丝，因而用其可以做成极小的热电偶。该热电偶的优点是测温灵敏度较高，低温下性能好，可用于低温（可低至 -200℃）的测量。但是，铜易氧化，因此其测温上限一般不超过 300℃。

虽然热电偶温度计是比较成熟的温度测量仪器，但当被测温度在中低温时，热电偶的热电势较小，低温端的温度变化引起的相对误差显得很突出，并且温度不容易得到完全补偿，因此在 500℃以下测温，热电偶温度计会受到一定限制。

4. 电阻温度计

电阻温度计广泛应用于 -200～850℃中低温的测量。随着科学技术的发展，电阻温度计的应用已经扩展到了 1～5K，即 -272.15～ -268.15℃的超低温领域，并且在 1000～1200℃高温下，电阻温度计也能表现出足够好的性能。

电阻温度计是由热电阻、显示仪及连接导线组成的。电阻温度计是基于金属或半导体的电阻值随温度变化这一特性而制成的测温装置。温度变化所引起的导体的电阻变化通过电阻测量桥路转换成电压（毫伏级）信号，然后将电压信号输入显示仪，以指示或记录被测温度。电阻温度计分为金属电阻温度计和半导体电阻温度计。

（1）金属电阻温度计。

金属电阻温度计通常由纯金属材料制成，目前应用最多的金属材料是铂和铜，此外还有铁、镍、锰和铑等。

铂的物理性质和化学性质稳定，其电阻值随温度变化，复现性好，可用来制成标准热电阻，是实验室最常用的温度传感器材料之一。铂电阻温度计测量精度高，分辨率可达

0.001℃，可制成标准的基准仪。

铜易加工提纯，价格便宜，电阻温度系数很大，并且电阻与温度呈线性关系，在测温范围（-50～150℃）内，铜具有很好的稳定性。但是，铜的比电阻小，因而无法制成体积很小的热电阻。铜易氧化，因此铜电阻温度计只能用于150℃以下的温度测量。

铁和镍的电阻温度系数较高，电阻率较大，可以制成体积很小且灵敏度较高的热电阻；但它们易氧化，化学稳定性差，不易提纯，电阻与温度的关系不是呈线性关系的。

（2）半导体电阻温度计。

制造半导体电阻温度计的材料通常由铁、镍、钛、镁、铜等金属氧化物按一定比例混合后压制烧结而成。

半导体热敏电阻负温度系数大，灵敏度较高，电阻率很大，体积可以做得很小，故由半导体热敏电阻构成的半导体电阻温度计的热惯性小，响应快，动态特性好，特别适用于-100～300℃的温度测量。半导体电阻温度计在温度自动控制及温度补偿电路中有广泛应用。

热敏电阻的电阻与温度呈指数关系，并且电流随电压的变化不符合欧姆定律。对热敏电阻进行线性化处理的最简单方法是用温度系数很小的精密电阻与热敏电阻串联或并联构成电阻网络（又称线性化网络）代替单个热敏电阻，其等效电阻与温度呈一定的线性关系。

热敏电阻 R_t 与补偿电阻 R_x 串联电路如图3.1.4所示。串联后的等效电阻 $R = R_t + R_x$，只要 R_x 的电阻值选择适当，温度在一定范围内与电阻的倒数呈线性关系。

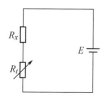

图3.1.4　热敏电阻 R_t 与补偿电阻 R_x 串联电路

随着我国生产工艺的改进，热敏电阻的线性度和稳定性等都达到一定水平，使测温元件小型化和快速测温成为可能。

5. 数字温度计

数字温度计采用温度传感器（热电偶或热敏电阻等）将温度的变化转换成电信号（电压和电流）的变化。根据其变化关系（线性关系或一定的曲线关系），使用模数转换电路（A/D转换电路）将模拟信号转换为数字信号，数字信号再输送给处理单元（如计算机等），处理单元经过内部的软件计算将这个数字信号和温度联系起来，成为可以显示出来的温度数值，然后通过显示单元（如计算机显示器等）将温度数值显示出来，这样就完成了数字温度计的基本测温功能。数字温度计是一种精度高、稳定性好、适用性极强的新型现场温度测量仪器。

SWJ-ⅠA精密数字温度计采用对称电路设计，消除了传感器导线电阻的影响，提高了测量准确度；数字显示清晰，读数准确；操作简便，设有读数保持等功能；测量范围为-50～150℃，温度分辨率为0.1℃。其前面板示意图和背板示意图分别如图3.1.5和图3.1.6所示。

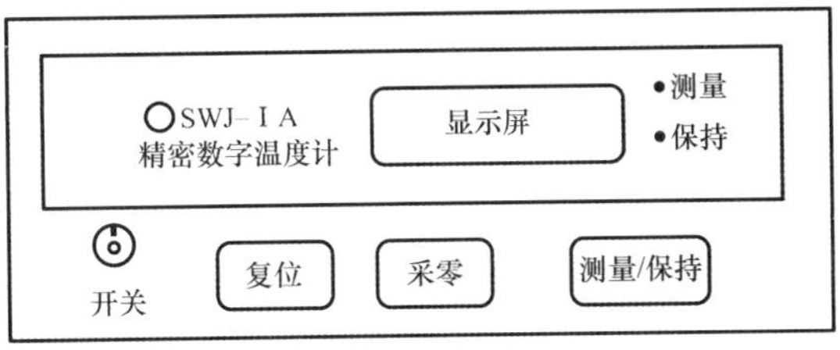

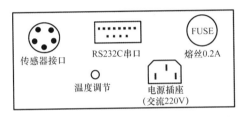

图 3.1.5　SWJ-ⅠA 精密数字温度计前面板示意图

图 3.1.6　SWJ-ⅠA 精密数字温度计背板示意图

SWJ-ⅠA 精密数字温度计使用方法如下。

（1）将传感器探头插入背板的传感器接口上，接通电源，并将传感器插入被测物中。

（2）打开电源开关，此时"测量"指示灯亮，仪表处于测量状态。

（3）待显示屏数值（被测物的温度）稳定后，即可读数。需要记录温度值时，按"测量/保持"键（此时"保持"指示灯亮）；读数完毕，再按"测量/保持"键，即可恢复测量状态，进行跟踪测量。

（4）需要测量相对温度值时，按"采零"键，仪表显示"0.00"或"00.0"。稍后的变化值即采零后基温的相对变化量。

（5）测量完毕，先关闭电源开关，再断开电源即可。

SWJ-ⅠA 精密数字温度计的维护注意事项如下。

（1）不宜放在有水或过于潮湿的地方。

（2）不宜放在高温环境，避免靠近发热源，如电暖气或炉子等。

（3）传感器和仪表必须配套使用（注意传感器探头编号和仪表的出厂编号应一致），以保证温度测量的准确度。

三、温度控制

物质的许多物理化学性质（如密度、蒸气压、表面张力、平衡常数和反应速率常数等）都与温度有关，这些性质的测定都需要在恒温条件下进行，这就需要在实验中对温度进行控制。恒温控制的方法通常有两种：一种是利用物质的相变点温度来实现恒温，但温度选择受到很大限制；另一种是利用电子调节系统对温度进行自动控制，使温度恒定，这种方法控温范围宽，可以按需要设定温度。

相变点恒温方法是利用物质处于两相平衡时其温度保持不变的特点，将系统置于处于相平衡状态的介质中，并通过不断搅拌使相平衡状态相对稳定，从而获得恒温条件。介质可以根据所需恒温的大小进行选择，如冰水（0℃）、沸点水（100℃）和沸点萘（218℃）等。相变点恒温方法简单方便，但如果其中的某一相消失，温度就不再恒定，故这种方法控温能力较差。

利用电子调节系统自动控温需要变换器、电子调节器和执行机构的协同作用。变换器的功能是将被控对象的温度信号转换成电信号，电子调节器的功能是对来自变换器的信号进行测量、比较、放大及运算，最后发出某种形式的指令，使执行机构进行加热或制冷。

恒温槽是实验中常用的一种利用电子调节系统自动控制加热器或制冷器，使恒温介质的温度恒定在一个很小的范围内的设备。恒温介质通常使用热容量大、导热性好的液体。恒温槽通常由槽体、温度传感器、搅拌器、电子继电器、加热器或制冷器组成。电子继电器就是恒温槽的电子调节系统，对恒温槽的温度进行控制。根据温度传感器的信号，电子继电器控制加热器或制冷器工作。当恒温介质的温度高于设定温度时，电子继电器切断加热电路（或减小加热功率），并接通制冷电路；当恒温介质的温度低于设定温度时，电子继电器接通加热电路（或增大加热功率），并切断制冷电路。

SYP-Ⅲ玻璃恒温水浴是实验室常用的恒温槽，其结构示意图如图 3.1.7 所示。SYP-Ⅲ玻璃恒温水浴集控温、搅拌功能于一体，采用高温玻璃材料制成，耐温、保温性能好，而且便于观察。其测量范围为室温至 $100℃$，温度分辨率为 $0.01℃$，温度波动为 $±0.02℃$。

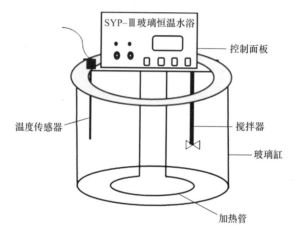

图 3.1.7　SYP-Ⅲ玻璃恒温水浴结构示意图

SYP-Ⅲ玻璃恒温水浴操作简单、方便，为键入式温度设定；设定温度和测量温度独立双显示，清晰直观；采用自整定 PID 技术，自动按设置调整加热系统，恒温控制较理想。其定时提醒报警功能便于操作者定时观察、记录。SYP-Ⅲ玻璃恒温水浴控制面板示意图如图 3.1.8 所示。

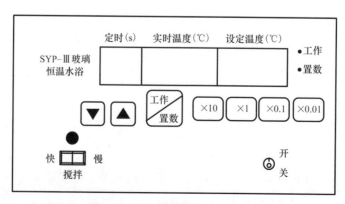

图 3.1.8　SYP-Ⅲ玻璃恒温水浴控制面板示意图

SYP-Ⅲ玻璃恒温水浴使用方法如下。

（1）向玻璃缸内注入 2/3～3/4 体积的自来水，将温度传感器连接好，接通电源。

（2）设置控制温度。打开仪器电源，按"工作/置数"键至"置数"指示灯亮，依次按"×10""×1""×0.1"和"×0.01"键设置温度的十位、个位及小数点后的数字。每按一次，数字显示由 0～9 依次递增，直至调整到所需设定温度的数值。设置完毕，再按"工作/置数"键转换到工作状态，"工作"指示灯亮。

（3）设置搅拌速度。需要快速搅拌时，将搅拌开关置于"快"位置。通常置于"慢"位置即可。

（4）设置定时报警器。需定时测量时，按"工作/置数"键至"置数"指示灯亮，用增减键设置所需的定时时间，定时有效设置范围为 10～99s。报警工作时，定时时间递减至"01"，蜂鸣器鸣响 2s，然后按定时时间周期循环报警。无须定时测量时，将报警时间设置在 9s 以下即可。设置完毕，再按"工作/置数"键转换到工作状态，"工作"指示灯亮。

（5）使用完毕，关闭电源开关，拔下电源插头。

第二节　气体的压力测量与控制

一、压力计

在物理化学中，压力是描述系统宏观状态的一个重要参数，物质的许多性质，如熔点、沸点和蒸气压等都与压力有关。在化学热力学和动力学的研究中，压力是一个重要因素。压力的测量也是需要掌握的基本测量技术之一。

用于压力测量的仪器称为压力计。压力计的种类较多，这里主要介绍测量大气压的福廷式气压计和测量压力差的数字式压差计。

1. 福廷式气压计

福廷式气压计（图 3.2.1）是实验室最常用的测量大气压的压力计，属于真空压力计。福廷式气压计主要由汞槽和倒置于其中的玻璃管组成，玻璃管长约 90cm，顶部封闭，里面装满汞。将开口端插入用羚羊皮制成的汞槽中，管中的汞由于重力作用下降，在封闭的真空管顶端出现一段真空。汞槽与大气相通，当达到平衡时，大气压可用汞柱高度表示。福廷气压计玻璃管外套是一根黄铜管。黄铜管上部有一个长方形的孔，用来观察汞柱的高度。黄铜管上装有游标尺、刻度尺和温度计（图 3.2.1 中未示出）。在黄铜管的底部有一个调节螺钉，用来调节汞槽中汞面的高度。在汞槽的上部装有象牙针，针尖朝下，尖端是黄铜管刻度尺的零点。在读取气压时，汞面必须恰好与针尖相切。黄铜管游标尺的读数精度可以达到 0.1mm 或 0.05mm。当大气压与汞槽内的汞面作用达到平衡时，玻璃管中汞柱的高度就可表示大气压的数值。

福廷式气压计的使用方法如下。

① 调节汞槽内的汞面高度。慢慢旋转底部的汞面调节螺钉，使汞槽内的汞面升高，直到汞面恰好与象牙针针尖相切，然后轻轻扣动黄铜管，使玻璃管上部汞的弯曲正常，这

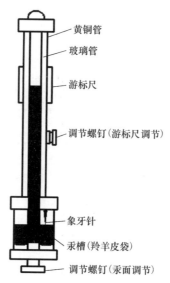

图 3.2.1　福廷式气压计示意图

黄铜管
玻璃管
游标尺
调节螺钉(游标尺调节)
象牙针
汞槽(羚羊皮袋)
调节螺钉(汞面调节)

时象牙针与汞面的接触应没有变动。

　　② 调节游标尺。转动游标尺的调节螺钉，使游标尺的下沿边与管中汞柱的凸面相切，正视和侧视时游标尺的下沿边应在同一水平面，如图 3.2.2 所示。

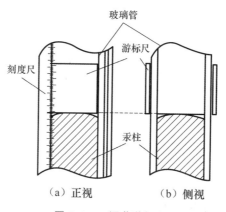

玻璃管
游标尺
刻度尺
汞柱

（a）正视　　　　（b）侧视

图 3.2.2　调节游标尺

　　③ 读数。读数＝刻度尺读数＋游标尺读数，单位是 mmHg 或 kPa。读数示意图如图 3.2.3 所示。

　　④ 整理工作。向下转动汞槽液面调节螺钉，使汞面离开象牙针，记下福廷式气压计上温度计的读数，并从仪器校正卡片上读取该仪器误差。

　　⑤ 根据测量要求确定是否进行读数校正。福廷式气压计的汞柱与大气压平衡时，$p = \rho g h$。由于汞的密度 ρ 受温度的影响，重力加速度 g 与测量地点有关，因此规定温度为 0℃和重力加速度为 9.8066m/s² 条件下的汞柱为标准来测量大气压。若不符合上述条件，或在精密测量工作中，则需进行读数校正。

　　为了方便，对一个已经在固定地点安装好的福廷式气压计，可以把仪器校正、重力加速度校正和高度差校正合并为一个校正值。在精度要求不高的情况下，可以只进行温度校正。

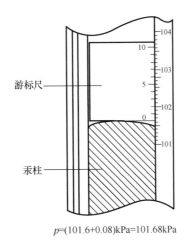

游标尺

汞柱

$p=(101.6+0.08)\text{kPa}=101.68\text{kPa}$

图 3.2.3 读数示意图

2. 数字式压力计

数字式压力计是采用数字显示被测压力的压力计。它可用于测量差压和绝压,具有测量精度高、可靠性和稳定性好、显示直观和操作简便等优点。

数字式压力计的测量原理是将被测压力经传压介质作用于压力传感器,由压力传感器输出相应的电信号或数字信号,再由信号处理单元处理后在显示器上直接显示被测压力。

其中,DP-AF 精密数字(真空)压力计可以用于测量负压,在物理化学实验饱和蒸气压的测定中有所使用,其使用方法详见实验三拓展的相关内容。

二、高压气体钢瓶和减压阀

1. 高压气体钢瓶分类

物理化学实验中经常需要使用高压气体钢瓶。高压气体钢瓶是由无缝碳素钢或合金钢制成的。由于高压气体钢瓶内有一定的压力,因此存放时应远离电源和热源,宜放在阴凉处固定。可燃气体钢瓶要与氧气钢瓶分开存放。高压气体钢瓶内的气体不能完全用尽,应保持表压为 0.05MPa 以上的残留压力,以防重新灌装时发生危险。要定期将高压气体钢瓶送有关部门检验,检验合格才能使用。高压气体钢瓶型号分类见表 3.2.1。常用高压气体钢瓶颜色标记见表 3.2.2。

表 3.2.1 高压气体钢瓶型号分类

型号	用途	工作压力/Pa	试验压力/Pa	
			水压试验	气压试验
150	装氢气、氧气、氮气、氦气、甲烷和压缩空气等	1.47×10^7	2.21×10^7	1.47×10^7
125	装二氧化碳等	1.18×10^7	1.86×10^7	1.18×10^7

续表

型号	用途	工作压力/Pa	试验压力/Pa	
			水压试验	气压试验
30	装氨气、氯气和光气等	2.94×10^6	5.88×10^6	2.94×10^6
6	装二氧化硫等	5.88×10^5	1.18×10^6	5.88×10^5

表 3.2.2　常用高压气体钢瓶颜色标记

气体类别	瓶身颜色	字样颜色	气体类别	瓶身颜色	字样颜色
氧	天蓝	黑	氯	草绿	白
氮	黑	黄	二氧化碳	黑	黄
氢	深绿	红	乙炔	白	红
氦	棕	白	氩（纯）	灰	绿
氨	黄	黑	压缩空气	黑	白

2. 高压气体钢瓶使用注意事项

（1）高压气体钢瓶停放处应设有固定支架和栅栏等防止倒瓶设施，禁止敲击、碰撞。

（2）高压气体钢瓶要分类保管；使用高压气体钢瓶的室内必须通风良好、阴凉、干燥；高压气体钢瓶应远离明火和电气设备；高压气体钢瓶不得靠近热源，夏季应防暴晒。

（3）高压气体钢瓶必须使用专用的减压阀，气体必须经减压阀减压后方可放气；开启时，操作者应站在阀门的侧后方，动作轻缓。

（4）氧气钢瓶必须与可燃性气体钢瓶分开存放；氧气钢瓶及其专用工具严禁与油类接触，附近也不得存放油类，操作者不能穿戴有油污的工作服和手套进行操作。

（5）严禁用尽高压气体钢瓶内的气体，应保留 0.05MPa 以上的残留压力。

（6）发现减压阀和其他阀门泄漏时，不得继续使用高压气体钢瓶，应及时处理上报；阀门损坏时严禁带压更换阀门。

（7）使用气体后，应及时关闭高压气体钢瓶的所有阀门。

（8）必须定期对各种高压气体钢瓶进行技术检验：充装一般气体的高压气体钢瓶，每三年检验一次；充装腐蚀性气体的高压气体钢瓶，每两年检验一次；充装剧毒或高毒介质的高压气体钢瓶，在定期技术检验的同时还要进行气密性实验。

3. 减压阀的使用方法

在物理化学实验中，经常要用到氧气、氮气、氢气及氩气等气体，这些气体一般都贮存在专用的高压气体钢瓶中，使用时需要先通过减压阀使气体压力降至实验所需范围，再经过其他控制阀门细调，使气体输入使用系统。减压阀的使用方法如下。

（1）按图 3.2.4 所示安装好高压气体钢瓶和减压阀。高压表的示值为高压气体钢瓶内贮存气体的压力；低压表连接气体出口，并通往工作系统，低压表的示值为出口气体压力，可由低压表压力调节螺杆控制。使用前，应逆时针转动低压表压力调节螺杆至放松位置，此时减压阀关闭。

图 3.2.4　高压气体钢瓶和减压阀安装示意图

（2）使用时，首先打开高压气体钢瓶总开关，然后顺时针转动低压表压力调节螺杆，减压阀开启并送气，最后调节高压气体的通过量并达到所需的压力值，停止转动低压表压力调节螺杆。这样进口的高压气体由高压室经节流减压后进入低压室，并经气体出口通往工作系统。

（3）停止用气时，先关闭高压气体钢瓶总开关，将减压阀的余气排空，直至高压表和低压表均指"0"，然后逆时针转动低压表压力调节螺杆至放松位置，此时减压阀关闭，这样既可以保证下次使用时高压气体不会直接冲进工作系统，又可以保护减压阀。

（4）减压阀都装有安全阀。安全阀是保护减压阀并使操作者安全使用的装置，也是减压阀出现故障的信号装置。如果由于阀门损坏或其他原因导致出口气体压力自行上升并超过一定安全范围时，安全阀则会自动打开排气。

三、真空泵

物理化学实验中常用的真空泵为旋片式真空泵，其工作原理示意图如图 3.2.5 所示。旋片式真空泵主要由定子、旋片、转子、弹簧和排气阀等零件组成。当偏心地装在定子内的转子旋转时，借助弹簧张力和离心力紧贴在定子内壁的两块旋片始终沿定子的内壁滑动。当转子按图 3.2.5 所示方向旋转时，与吸气口相通的空间 A 的体积不断增大，压强不断减小，当空间 A 内的压强低于被抽容器内的压强时，根据气体压强平衡原理，气体不断地被抽进空间 A，此时正处于吸气过程；空间 B 的体积逐渐减小，压强不断增大，此时正处于压缩过程；与排气口相通的空间 C 的体积进一步减小，空间 C 的压强进一步增大，当空间 C 内的压强大于排气口压强时，被压缩的气体推开排气阀，被抽的气体不断穿过油箱内的油层而排至大气中。在旋片式真空泵的连续运转过程中，吸气、压缩和排气过程不断进行，从而达到连续抽气的目的。

使用旋片式真空泵需注意以下几点。

（1）旋片式真空泵不能用于抽具有腐蚀性的气体、与泵油反应的气体或含有固体颗粒杂质的气体，也不能用于抽含有可凝性气体的蒸气和挥发性液体，因为这类气体或液体会损坏泵油的品质，降低其密封和润滑作用。此类气体或液体在进旋片式真空泵之前需要通过纯化装置。

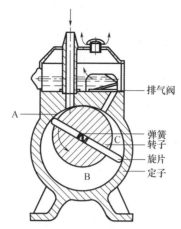

图 3.2.5 旋片式真空泵的工作原理示意图

（2）旋片式真空泵中油位以停泵时注油到油标的 2/3 处为宜。油位过低对排气阀不能起到密封的作用，影响真空度；油位过高可能会在启动时喷油。

（3）旋片式真空泵的进气口前应安装一个三通活塞，停止抽气时，应先使旋片式真空泵与抽空系统隔开，与大气相通，然后关闭电源，这样既可保持系统的真空度，又可避免泵油被倒吸。

第三节 电化学测量技术

电化学测量技术在物理化学实验中有着非常重要的作用，常用于电解质溶液许多物理化学性质（如电导、离子迁移数和电离度等）和一些与化学反应有关的热力学函数（如标准电极电势、反应热、熵变和吉布斯自由能等）的测量。电化学测量技术不仅广泛应用于化学工业、冶金和金属防腐蚀等领域，还在生物技术和其他新兴领域得到了广泛的应用。

物理化学实验的电化学部分主要介绍了传统的电化学测量与研究方法，如电导、电导率和原电池电动势的测定等。只有掌握了传统基本方法，才能更好地理解和运用一些非传统的电化学研究方法。

一、电导和电导率的测定

1. 电导和电导率

电解质通过正、负离子做反向移动而导电，导电总量分别由正、负离子承担。习惯上用电导 G 来表示电解质的导电能力，电导 G 是电阻 R 的倒数，实际中可通过测量电阻换算得到。导体的电导与导体的横截面积 A 成正比，与导体的长度 l 成反比，其关系可表示为

$$G = \frac{1}{R} = \kappa \frac{A}{l} \tag{3.3.1}$$

式中，比例系数 κ 为电导率（S/m）。κ 相当于单位长度、单位横截面积的电解质溶液的电导，其数值与电解质的种类、溶液浓度和温度等因素有关。令 $l/A = K_{cell}$，则式（3.3.1）

变为

$$\kappa = GK_{cell} \tag{3.3.2}$$

式中，K_{cell} 称为电导池常数。

2. 电导的测定

测定溶液的电导实际上就是测其电阻。惠斯通电桥（图3.3.1）可用于测定电导，测定时先将待测溶液装入具有两个固定的镀有铂黑的铂电极的电导池中，然后将电导池连接在交流电桥的一端，待电桥平衡时测其溶液的电阻，最后求出电阻的倒数即电导。

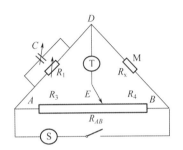

图 3.3.1 惠斯通电桥

由于离子在电极上放电会产生极化现象，因此在用惠斯通电桥测定电导时需使用频率较高的交流电，以防产生电解产物使被测溶液的浓度发生改变，从而造成溶液电阻发生改变，导致测定结果失真。多数用于电导测定的电极均镀有铂黑，这样做可以减少电极本身的极化作用。

图3.3.1中，S为一定频率的交流电源；R_{AB} 为均匀的滑动变阻器；R_1 为可变电阻；M为电导池，电导池中有两个固定的平行放置的电极，在电导池中放入待测电解质溶液，其电阻为 R_x，电导池的两个电极相当于一个电容器，存在一定的分布电容。为了使桥路的容抗也能达到平衡，可在 R_1 上并联一个可变电容器C；T为零点指示。

当接通电源后，移动滑头使流过 DE 间的电流为零，此时零点指示显示为零，桥路输出电位 U_{DE} 为零，有

$$\frac{R_1}{R_x} = \frac{R_3}{R_4} \tag{3.3.3}$$

式中，R_3、R_4 分别为 AE、BE 段的电阻；R_1 为可变电阻的阻值。

R_3、R_4、R_1 均可由实验测定，由式（3.3.3）计算所得的 R_x 的值可以计算出电解质溶液的电导G。实际测定电解质溶液的电导时，多采用电导率仪。电解质溶液的电导值大小不仅取决于电解质本身的导电能力，还与电流方向的长度（l）和横截面积（A）有关。为了准确地反映电解质的导电能力，通常采用电导率来衡量。

3. 电导率的测定

和电导的测定一样，电导率的测定实质上也是对电阻的测定，因此也采用电导率仪。电导率仪由振荡器、电导池、放大器和指示器等部分组成。电导率仪的工作原理如图3.3.2所示。

图中，E为振荡器产生的交流电压；R_x 为电导池的等效电阻；R_m 为分压电阻；E_m 为 R_m 上的交流分压。由欧姆定律可知

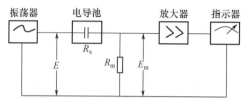

图 3.3.2 电导率仪的工作原理

$$E_m = \frac{ER_m}{R_m + R_x} = \frac{ER_m}{R_m + K_{cell}/\kappa} \qquad (3.3.4)$$

式中，K_{cell} 为电导池常数。当 E、R_m 和 K_{cell} 均为常数时，电导率 κ 的变化必将引起 E_m 的变化，所以测定 E_m 的大小就可得知溶液的电导率。将 E_m 送至放大器放大，再经信号整流，即可获得推动表头的直流信号，通过表头直接读出电导率值。

物理化学实验室常用 DDS-307A 型电导率仪，其使用方法详见实验二十的拓展内容。实验九和实验十五中用到的 ZHFY-ⅢC 乙酸乙酯皂化反应装置不仅能用于乙酸乙酯皂化反应速率常数的测定，也可进行电导率的测定，该装置的使用方法详见实验九的拓展内容。

二、原电池电动势的测定

原电池电动势 E 是指当外电流为零时两电极间的电势差。有外电流时，这两电极间的电势差称为电池电压 U，它们之间的关系为

$$U = E - IR \qquad (3.3.5)$$

测定原电池电动势时不可避免有电流通过，这实质上是一种特定条件下的电池电压的测量。采用对消法原理设计电位差计对原电池电动势进行测定可以较好地满足原电池电动势的测定要求。

1. 测定基本原理

原电池电动势的测定必须在可逆条件下进行：一是要求原电池本身的电池反应是可逆的，二是在测定原电池电动势时电池几乎没有电流通过，即测量回路中的 $I \to 0$。在测定装置上设计一个方向相反而数值与待测电池的电动势几乎相等的外加电动势，以对消待测电池的电动势，这种方法称为对消法。对消法测定原电池电动势的原理如图 3.3.3 所示。

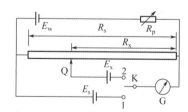

E_w—工作电池；R_p—可变电阻；R_s—标准电池的补偿电阻；
R_x—待测电池的补偿电阻；E_s—标准电池；E_x—待测电池；Q—滑动变阻器触头；
K—转换开关；G—检流计。

图 3.3.3 对消法测定原电池电动势的原理

测定原电池电动势时，先将开关 K 放在 1 处，调节可变电阻 R_p 使检流计 G 指示为 0，标准电池 E_s 的电动势与标准电池的补偿电阻 R_s 上的电压降完全对消；然后将开关 K 放在 2 处，当移动滑动变阻器触头 Q 使检流计 G 再次指示为 0 时，读出待测电池的补偿电阻 R_x 的值。待测电池 E_x 的值可根据式(3.3.6)计算得出，即

$$\frac{E_x}{E_s} = \frac{R_x}{R_s} \tag{3.3.6}$$

在实验室使用专门仪器测定原电池电动势时，无须计算便可直接读出待测电池的电动势数值。实验室通常使用两种类型的电位差计来测定原电池电动势：一种是 UJ 系列直流电位差计，另一种是数字式电子电位差计。不管用哪种电位差计，其测定原理都是一样的。

2. 常用仪器

(1) UJ-25 型电位差计。

① 仪器构造。UJ-25 型电位差计根据对消法原理制成，属于高电势直流电位差计，与工作电池、标准电池和检流计组成测定系统。该电位差计适用于精密测定，可直接用来测定直流电势；配用标准电阻时，可以测量直流电流和电阻。

UJ-25 型电位差计面板示意图如图 3.3.4 所示。图中转换开关的"N"代表标准，"X_1"和"X_2"分别代表未知 1 和未知 2；"粗""细""短路"为电计按钮；"粗""中""细""微"为工作电流调节旋钮；"A""B"为标准电池电动势的温度补偿旋钮；"Ⅰ""Ⅱ""Ⅲ""Ⅳ""Ⅴ""Ⅵ"为 6 个大旋钮，被测电池电动势值显示在大旋钮下方的小窗孔中。

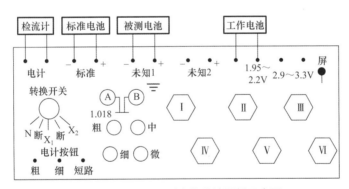

图 3.3.4　UJ-25 型电位差计面板示意图

② UJ-25 型电位差计的操作方法如下。

a. 先将转换开关置于"断"的位置，并将 3 个电计按钮全部松开，再依次接上工作电池、被测电池、标准电池和检流计。

b. 调节标准电池电动势的温度补偿旋钮，校正标准电池的电动势。对于镉汞标准电池的温度校正，校正前可根据式(3.3.7)进行，即

$$E_t = E_0 - 4.06 \times 10^{-5}(t-20) - 9.5 \times 10^{-7}(t-20)^2 \tag{3.3.7}$$

式中，E_t 为在温度 t 时标准电池电动势；t 为环境温度（℃）；E_0 为标准电池在 20℃时的电动势（$E_0 = 1.0186V$）。调节温度补偿旋钮 A、B，使数值为校正后标准电池的电动势。

c. 将转换开关置于"N"的位置，按"粗"电计按钮，然后依次转动"粗""中"

"细""微"工作电流调节旋钮调节工作电流，使检流计指示为 0；再按"细"电计按钮，重复上述操作。按电计按钮时不能长时间按住不放，以防被测电池和标准电池长时间有电流通过。

d. 将转换开关置于"X_1"或"X_2"位置，从大到小依次调节各大旋钮，接着按"粗"电计按钮，然后依次转动"粗""中""细""微"工作电流调节旋钮调节工作电流，使检流计指示为 0；再按"细"电计按钮，重复上述操作，直至检流计指示为 0；大旋钮下方小窗孔的示数即为被测电池的电动势。

③ 测定时的注意事项如下。

a. 合理选择电位差计。若测定内阻比较低的原电池电动势，则选用低电势电位差计，同时对应选用外临界电阻较小的检流计；若测定内阻较大的原电池电动势，则选用高电势电位差计，并对应选用外临界电阻较大的检流计。

b. 工作电池要有足够的容量以保证工作电流的恒定。

c. 对被测电池电动势应先确定极性，并估计其电动势的大致数值。

d. 当需要变动工作电源调节按钮时，要先断开电计按钮，以免影响测定结果的准确性，并保护标准电池，延长其使用寿命。

（2）SDC-Ⅱ数字电位差综合测试仪。

SDC-Ⅱ数字电位差综合测试仪采用高精高稳元器件设计生产，使其能在较宽的温度区间内保证精度和稳定性。该仪器不仅实现了数字电位显示和数字检零，仪器内带的基准电位还为无标准电池场合检查提供了方便。该仪器一体设计，将 UJ 系列电位差计、光电检流计、标准电池及其他电源综合为一体，体积小，便于携带；电位差值以六位数字显示，数值直观清晰、准确可靠，误差小。SDC-Ⅱ数字电位差综合测试仪的具体使用方法见实验十的拓展内容。

三、常用参比电极

原电池的电动势等于组成电池的两个半电池的电极电势之差。测定电极电势时要先将被测电极与参比电极组成电池，并测定其电动势，然后根据已知参比电极的电极电势求得被测电极的电极电势。参比电极的选择是电极电势测定准确的关键因素。参比电极上进行的电极反应必须是单一的可逆反应，而且参比电极需要有良好的稳定性和重现性。氢电极只是一个理想的但不易实现的参比电极，故常用微溶盐电极作为参比电极。

1. 甘汞电极

甘汞电极是实验室最常用的一种参比电极，可表示为

$$(-)Pt|Hg(l)|Hg_2Cl_2(s)|KCl(a)(+)$$

电极反应为

$$Hg_2Cl_2(s)+2e^- \rightarrow 2Hg(l)+2Cl^-(a_{Cl^-})$$

其电极电势为

$$\varphi_{甘汞}=\varphi_{甘汞}^{\ominus}-\frac{RT}{F}\ln a_{Cl^-} \tag{3.3.8}$$

从式（3.3.8）可以看出，甘汞电极的电极电势 $\varphi_{甘汞}$ 与温度和氯离子的活度有关。甘汞电极常用的 KCl 溶液有 0.1mol/L、1.0mol/L 和饱和三种浓度，其中饱和甘汞电极最常

用。不同浓度 KCl 溶液的甘汞电极电势与温度的关系见表 3.3.1。

表 3.1.1　不同浓度 KCl 溶液的甘汞电极电势与温度的关系

KCl 溶液浓度/(mol·L⁻¹)	电极电势 $\varphi_{甘汞}$/V
0.1	$0.3337-7.0\times10^{-5}$ $(t-25)$
1.0	$0.2801-2.4\times10^{-4}$ $(t-25)$
饱和	$0.2412-7.6\times10^{-4}$ $(t-25)$

甘汞电极具有结构简单、可逆性高、制作方便和电势稳定等优点。甘汞电极的结构如图 3.3.5 所示。

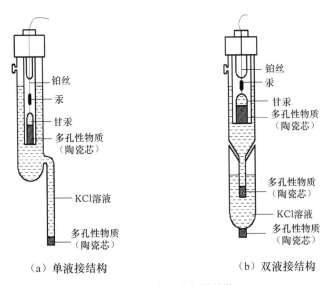

（a）单液接结构　　　（b）双液接结构

图 3.3.5　甘汞电极的结构

2. Ag-AgCl 电极

Ag-AgCl 电极是另一种实验室常用的参比电极，可表示为

$$(-)Ag(s)|AgCl(s)|KCl(a)(+)$$

电极反应为

$$AgCl(s)+e^-\rightarrow Ag(s)+Cl^-(a_{Cl^-})$$

其电极电势为

$$\varphi_{Ag\text{-}AgCl}=\varphi_{Ag\text{-}AgCl}^{\ominus}-\frac{RT}{F}\ln a_{Cl^-} \tag{3.3.9}$$

与甘汞电极相似，Ag-AgCl 电极的电极电势 $\varphi_{Ag\text{-}AgCl}$ 也与温度和氯离子活度有关。Ag-AgCl 电极的标准电极电势与温度的关系为

$$\varphi_{Ag\text{-}AgCl}^{\ominus}=0.2223-6\times10^{-4}(t-25) \tag{3.3.10}$$

Ag-AgCl 电极具有良好的稳定性和重现性，在升温的情况下比甘汞电极稳定。Ag-AgCl 电极必须浸于溶液中，否则 AgCl 会因为干燥而脱落；AgCl 遇光分解，故必须避光保存。Ag-AgCl 电极的结构如图 3.3.6 所示。

Ag-AgCl 电极的简便制备方法是取一根洁净的银丝在镀银溶液中镀上一层纯银，将其作为阳极，另取一根铂丝作为阴极，插入 0.1mol/L 的 HCl 溶液中，外接直流电源和可调

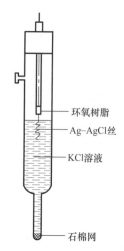

图 3.3.6　Ag-AgCl 电极的结构

电阻进行电镀，并控制电流密度为 $5mA/cm$，通电时间为 $5min$。作为阳极的银丝表面电镀上一层 AgCl，用去离子水洗净后，将其浸在与待测溶液相同浓度的 KCl 溶液中，避光保存待用。

四、标准电池

标准电池是一种化学电池，由于其电动势比较稳定，复现性好，因此在测量和校准各种电池的电动势时常用作标准的辅助电池，是电化学实验中最基本的校验仪器之一。根据电池中硫酸镉电解液的浓度，标准电池可分为饱和标准电池和不饱和标准电池两种。前者电动势稳定、温度系数较大，必须进行温度校正；后者温度系数较小，可逆性差，适合在精度要求不高的测定中使用，可以避免烦琐的温度校正。

饱和标准电池的结构如图 3.3.7 所示。电池反应为

负极 $\qquad Cd(汞齐) - 2e^- \rightarrow Cd^{2+}$

正极 $\qquad Hg_2SO_4(s) + 2e^- \rightarrow 2Hg(l) + SO_4^{2-}$

总反应　$Cd(汞齐) + Hg_2SO_4(s) + \dfrac{8}{3}H_2O \rightarrow 2Hg(l) + CdSO_4 \cdot \dfrac{8}{3}H_2O(s)$

标准电池电动势很稳定，重现性好，经检定后，$20℃$ 时的电动势值 E_{20} 为 $1.01865V$。实际温度下测定的电动势按下式进行校正，即

$$E_t = E_{20} - 4.06 \times 10^{-5}(t - 20) - 9.5 \times 10^{-7}(t - 20)^2$$

标准电池在使用过程中应注意避免振动或倒置；使用的温度范围为 $4 \sim 40℃$；短时通过电池的电流 $I \leqslant 1\mu A$，避免短路或长期与外电路接通。

五、电化学工作站

电化学工作站是电化学测量系统，在电化学测量中占有重要地位，是用于测量电池电位差等电化学参数的变化并对其实现控制的一种仪器。它将恒电位仪、恒电流仪和电化学交流阻抗分析仪有机地结合，集循环伏安法、阶梯伏安法、脉冲伏安法和方波伏安法等电化学分析方法于一体，可以完成恒电位极化、恒电流极化，电位、电流、电量阶跃，塔菲

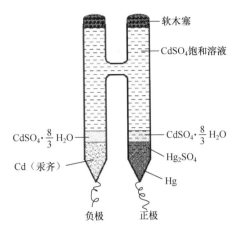

图 3.3.7 饱和标准电池的结构

尔图和交流阻抗等电化学测试和分析评价。电化学工作站主要应用于电化学机理和电极过程动力学研究。

1. 工作原理

电化学工作站通常由恒电位仪（或恒电流仪）、数字信号发生器、数据采集系统及电解池系统组成。电极上电子的运动是电化学反应的基础，电化学反应借助电极实现电能的输入或输出。电解池通常有 3 个电极：工作电极、参比电极和辅助电极。电化学所研究的反应在工作电极（又称研究电极）上发生。参比电极是界面电势差恒定而且已知的电极，电极上基本没有电流通过，与工作电极构成电压回路，已知工作电极相对于参比电极的电位差，即可间接知道工作电极和溶液之间界面的电位差。例如，在控制电位实验中，只要控制了工作电极相对于参比电极的电位，就间接控制了电极和溶液之间界面的电位差。实际上，电流流过电极后，电极会发生极化，界面电位会发生变化，参比电极的电位因极化而不再恒定，因此必须引入另外一个电极，使其专门用于输入、输出电流，这就是辅助电极（又称对电极）。辅助电极和工作电极组成电流回路，使工作电极上电流畅通，以保证电化学所研究的反应在工作电极上发生。

在三电极体系中，为了调节流过工作电极和辅助电极间的电流，从而控制工作电极和参比电极之间的电位差，最理想的设备为具有自动调节功能的恒电位仪。典型的恒电位仪电路如图 3.3.8 所示。

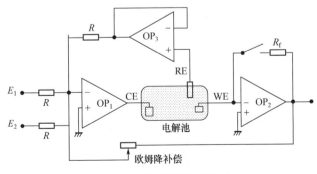

图 3.3.8 典型的恒电位仪电路

图 3.3.8 中，OP_1 是恒电位仪的控制放大器，控制放大器的输入端可以实现各种电压波形的输入。工作电极和参比电极间的控制电位为 E_1+E_2。OP_2 为电流-电压转换器，采用高输入阻抗的运算放大器，使流过工作电极（WE）和辅助电极（CE）之间的电流经过 OP_2 转换成容易测量的电压信号，并由记录装置进行记录。电流测量的灵敏度可以通过改变 OP_2 的反馈电阻（R_f）来改变。OP_3 是高输入阻抗的电压跟随器，可防止参比电极（RE）流过电流而极化。调节欧姆降补偿可以使电压信号正反馈回控制放大器的输入端，以补偿由于电流流过电解液后其内阻产生的电压降。

实际电化学测量中也常常用到恒电流仪。它主要用于控制流过工作电极和辅助电极回路的电流大小，同时记录工作电极和参比电极之间的电位随时间的变化关系。典型的恒电流仪电路如图 3.3.9 所示。

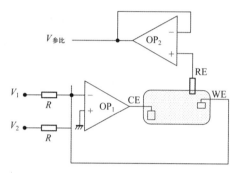

图 3.3.9　典型的恒电流仪电路

图 3.3.9 中，OP_1 为恒电流电路，流过工作电极（WE）和辅助电极（CE）间的电流等于 $(V_1+V_2)/R$。电流大小可以通过改变输入电压 V 或输入电阻 R 来调节。OP_2 是高输入阻抗的电压跟踪器，可防止参比电极（RE）流过电流而极化。

2. 电化学工作站的应用

电化学测定方法是将化学物质的变化归结为电化学反应，也就是以反应中的电位、电流或电量作为发生化学反应的量度进行测定的方法。电化学测定包括电流-电位曲线的测定、电极化学反应的电位分析、电极化学反应的电量分析、对被测对象进行微量测定的极谱分析和交流阻抗测试等。

电化学测定方法简单易行，故一般将难以测定的化学参数直接转换成容易测定的电参数加以测定。由于电化学反应是按法拉第定律进行的，灵敏度高，实时性好，因此即使是微量的物质变化也可以通过电流或电量来进行测定。

电化学工作站可以通过循环伏安法探究超级电容器的储能大小及电容行为、材料的氧化还原性；通过线性扫描伏安法进行太阳能电池光电性能的测试、燃料电池等氧化还原曲线的测试，以及电催化中催化曲线的测试；通过控制电流阶跃法及控制电势阶跃法探究一些电化学变化过程的性质，如能源存储设备充电过程的快慢、界面的吸附或扩散作用的判断，以及探究电致变色材料变色性能的优劣；通过恒电流法及恒电势法研究腐蚀电化学的机理，进行活性材料的电化学沉积及金属稳态极化曲线的测定；通过交流阻抗法分析电化学系统的反应机理及计算系统的相关参数等。

第四节　光学测量技术

一、折射率的测定

折射率是物质的一种特性常数，测定物质的折射率可以检验物质的纯度，或者定量地分析溶液的浓度。

1. 折射率与浓度的关系

纯物质具有确定的折射率，如果混有杂质，其折射率会偏离纯物质的折射率。杂质越多，偏离程度越大。如果将纯物质溶解在溶剂中，折射率也会发生变化。溶液折射率的变化与溶液的浓度、测试温度、所用溶剂、溶质性质及它们的折射率等因素有关。通常情况下，确定其他条件不变，当溶质的折射率小于溶剂的折射率时，浓度越大，混合物的折射率越小。

物理化学实验中，可以通过测定某物质溶液的折射率的方法来确定其浓度。具体方法如下。

（1）制备一系列已知浓度的样品，分别测定其折射率。

（2）以样品浓度 c 和折射率 n_D 作图，得到一条工作曲线。

（3）测定待测样品的折射率，并由工作曲线查出其相应浓度。

用折射率测定样品的浓度所需样品量少，并且操作简单，读数准确。折射率与物质内部的电子运动状态有关，因此也可用于结构化学方面的测定。阿贝折射仪是测定物质折射率的常用仪器。

2. 阿贝折射仪的构造原理

阿贝折射仪是根据全反射原理设计的仪器。它利用测定全反射临界角的方法来测定透明液体、半透明液体或固体的折射率 n_D。

当一束单色光从介质 B 进入介质 A 时，由于光在两种介质中的传播速度不同，光的方向会发生改变，这种现象称为光的折射，如图 3.4.1 所示。

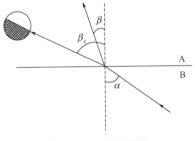

图 3.4.1　光的折射

根据光的折射定律，入射角与折射角的关系为

$$\frac{\sin\alpha}{\sin\beta}=\frac{n_A}{n_B}=n_{A,B} \tag{3.4.1}$$

式中，α 为入射角；β 为折射角；n_A 和 n_B 分别为交界面两侧两种介质的折射率；$n_{A,B}$ 为介质 A 对介质 B 的相对折射率。

根据式（3.4.1）可知，在一定波长和温度下，指定介质的折射率 n_A 和 n_B 是固定值，故当入射角 α 增大时，折射角 β 也增大。当 α 值达到极大值（90°）时，所得折射角 β_c 称为临界折射角。图 3.4.1 中，从法线右边入射的光线从介质 B 入射到介质 A，折射线落在临界折射角 β_c 之内。在介质 A 中观察到从介质 B 中入射到介质 A 中的光线，折射角小于临界折射角的区域为亮区，大于临界折射角的区域为暗区。

根据式（3.4.1）可得

$$n_B = n_A \frac{\sin\beta_c}{\sin\alpha} \qquad\qquad (3.4.2)$$

因此当固定一种介质时，临界折射角 β_c 大小与被测物质的折射率是简单的函数关系。阿贝折射仪就是根据这个函数关系的原理设计的。

在实际测定折射率时，使用的入射光不是单色光，而是由多种单色光组成的普通白光。因不同波长的光的折射率不同会产生色散，故在目镜中会看到一条彩色的光带，而没有清晰的明暗分界线。为此，阿贝折射仪中安置了一套消色散棱镜（又称补偿棱镜）。调节消色散棱镜，使测量棱镜出来的色散光线消失，出棱镜后各色光线平行，视野中可见清晰的明暗分界线。阿贝折射仪的外形如图 3.4.2 所示。

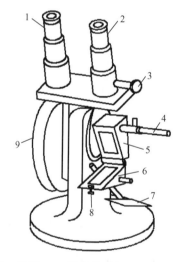

1—读数显微镜；2—目镜；3—消色散手柄；4—温度计；5—测量棱镜；
6—辅助棱镜；7—反射镜；8—锁钮；9—刻度盘罩。

图 3.4.2 阿贝折射仪的外形

3. 阿贝折射仪的使用方法

（1）安装仪器。将阿贝折射仪置于靠近窗台边或普通的白炽灯前，但应避免阳光直射。用橡皮管将测量棱镜和辅助棱镜上保温夹套的进出水口与超级恒温槽连接起来（确保连接可靠）。恒温温度一般选用（20±0.1）℃或（25±0.1）℃，并以阿贝折射仪上的温度计读数为准。

（2）加入试样。恒温后，旋开测量棱镜和辅助棱镜的闭合旋钮，转动镜筒使辅助棱镜斜面向上。若两棱镜表面不清洁，则可加几滴丙酮，用镜头纸沿单一方向将镜面擦拭干净。待镜面干燥后，在辅助棱镜的毛玻璃上滴 1～2 滴试样，使其铺满整个镜面，关闭棱镜，旋紧闭合旋钮。若试样易挥发，可将试样在两棱镜接近闭合时，从加液小槽中加入。

（3）对光。调节反射镜，使光源进入棱镜，转动刻度盘外的旋钮，直至目镜视野中出现半明半暗的现象。

（4）消色散。调节消色散手柄，至目镜中彩色光带消失，再调节读数螺旋，使明暗界面恰好落在十字线的交叉处。如此时又呈现微色散，则必须重新调节，直到明暗界面清晰为止。

（5）读数。从读数显微镜中读出折射率，同时记下温度，读出的折射率为该温度下试样的折射率。每种试样需重复测定 3 次，每次误差不超过 0.0002，最后取其平均值。

（6）结束。测定完毕，用丙酮或乙醇洗净镜面，并轻轻用镜头纸擦干液体。待干燥后，在两棱镜间垫上一张镜头纸，再关上棱镜。

（7）校正。阿贝折射仪刻度盘上标尺的零点有时会发生移动，因此需要进行校正。校正时使用已知折射率的标准液体（如蒸馏水）。将刻度盘标尺上的读数调节到该温度下标准液体的已知折射率。在目镜上观察，若明暗分界线不在十字交叉点上，则需转动目镜下方的螺钉，使分界线移动至十字交叉点上。

使用阿贝折射仪的注意事项如下。

（1）使用时，注意保护棱镜，切勿用其他纸擦拭棱镜，擦拭时注意指甲不要碰到镜面；滴加液体时，滴管切勿触及镜面；注意保持仪器清洁，严禁用油手或汗手触及光学零件。

（2）使用完毕，要把仪器全部擦拭干净，倒尽金属套中恒温水，拆下温度计，并将仪器放入箱内（箱内放有硅胶干燥剂）。

（3）不能用阿贝折射仪测量酸性、碱性物质和氟化物的折射率。若试样的折射率不在 1.3～1.7 的范围内，则不能用阿贝折射仪进行测定。

4．WYA-2S 型数字阿贝折射仪

（1）工作原理。

数字阿贝折射仪的工作原理与上述几乎相同，它由角度-数字转换系统将角度量转换为数字量，再输入计算机系统进行数据处理，最后以数字显示试样的折射率。下面介绍常用的 WYA-2S 型数字阿贝折射仪。该仪器使用方便，内部有恒温结构，按下温度显示按钮就可显示温度，按下测量显示按钮就可显示折射率。其外形如图 3.4.3 所示。

WAY-2S 型数字阿贝折射仪的工作原理如图 3.4.4 所示。当测定透明或半透明物质的折射率时，根据测定的临界角，由目镜部件和色散校正部件组成的观察部件来瞄准明暗两部分的分界线，也就是瞄准临界的位置，并由角度-数字转换系统将角度量转换为数字量，再输入计算机系统进行数据处理，最后数字显示试样的折射率或锤度。

（2）WYA-2S 型数字阿贝折射仪的使用方法。

① 连接电源，按下"POWER"电源开关，预热 30min，聚光照明部件中照明灯亮，同时显示窗显示"00000"。有时显示窗先显示"－－－"，数秒后显示"00000"。

② 打开折射棱镜部件，移去镜头纸（注意仪器不使用时镜头纸放在两棱镜之间，防止在关上棱镜时可能留在棱镜上的细小硬粒弄坏棱镜工作表面）。检查上、下棱镜表面，

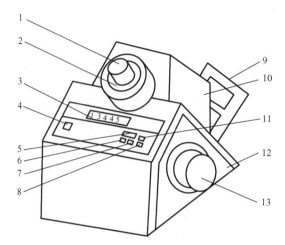

1—目镜；2—色散手轮；3—显示窗；4—"POWER"电源开关；5—"READ"读数显示键；
6—"BX-TC"经温度修正锤度显示键；7—"n_D"折射率显示键；8—"BX"未经温度修正锤度显示键；
9—聚光照明部件；10—折射棱镜部件；11—"TEMP"温度显示键；12—RS232接口；13—调节手轮。

图 3.4.3　WYA-2S 型数字阿贝折射仪的外形

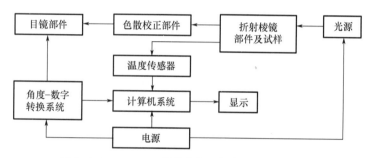

图 3.4.4　WYA-2S 型数字阿贝折射仪的工作原理

并用水或酒精小心清洁表面。测定每种试样后也要仔细清洁两棱镜表面，以免影响测定下一种试样的准确度。

③ 将试样放在下面折射镜的工作表面上。如果试样为液体，则用干净的滴管吸 1~2 滴试样放在棱镜的工作表面上，然后将上面的进光棱镜盖上；如果试样为固体，则固体必须有一个经过抛光加工的平整光面，测定前需将抛光表面擦净，并在折射棱镜的工作表面上滴 1~2 滴折射率比固体试样折射率高的透明液体，然后将固体试样的抛光表面放在折射棱镜的工作表面上，使其接触良好。测定固体试样时，不需要盖上上面的进光棱镜。

④ 旋转聚光照明部件的转臂和聚光镜筒，使进光棱镜的进光表面得到均匀照明。

⑤ 通过目镜观察视场，同时旋转调节手轮，使明暗分界线落在交叉线视场中。如果从目镜中看到视场是暗的，则将调节手轮逆时针旋转；如果从目镜看到视场是亮的，则将调节手轮顺时针旋转。明亮区域在视场顶部，在明亮视场情况下可旋转目镜，调节视度以看清交叉线。

⑥ 旋转色散手轮，同时调节聚光镜位置，使视场中明暗两部分具有良好的反差，并使明暗分界线具有最小的色散。

⑦ 旋转调节手轮，使明暗分界线准确对准交叉线的交点。

⑧ 按"READ"读数显示键，显示窗中"00000"消失，显示"－－－"，数秒后"－－－"消失，显示试样的折射率。如要知道该试样的锤度，可按"BX"未经温度修正锤度显示键或按"BX-TC"经温度修正锤度显示键。"n_D"折射率显示键、"BX-TC"经温度修正锤度显示键和"BX"未经温度修正锤度显示键用于选定测量方式。经选定后，再按"READ"读数显示键，显示窗就按预先选定的测量方式显示。当选定的测量方式为"BX-TC"或"BX"时，如果调节手轮旋转超出锤度测量范围（0%～95%），按"READ"读数显示键后，显示窗显示"."。

⑨ 测定试样温度，按"TEMP"温度显示键，显示窗将显示试样温度。除了按"TEMP"温度显示键后，显示窗显示"－－－"时，按"TEMP"温度显示键无效，在其他情况下都可以对试样进行温度测定。显示温度时，再按"n_D"折射率显示键、"BX-TC"经温度修正锤度显示键或"BX"未经温度修正锤度显示键，将显示原来的折射率或锤度。

⑩ 测定结束后，用酒精或水（样品为糖溶液）小心清洁折射棱镜的工作表面。

（3）使用 WYA-2S 型数字阿贝折射仪的注意事项如下。

① 仪器应放在干燥、空气流通和温度适宜的地方，以免仪器的光学零件受潮发霉。

② 搬移仪器时，应手托仪器的底部，不可提握仪器聚光照明部件中的摇臂，以免损坏仪器。

③ 仪器使用前后及更换试样时，必须先清洗擦净折射棱镜的工作表面。

④ 测定液体试样时，其中不准含有固体杂质；测定固体试样时，应防止折射棱镜的工作表面拉毛或产生压痕；严禁测定强腐蚀性的试样。

⑤ 避免强烈振动或撞击仪器，防止光学零件振碎或松动，从而影响测定精度。

⑥ 仪器不使用时应用塑料罩盖上或放入箱内。

二、旋光度的测量

多数有机物在一束平面偏振光通过时，能使其偏转方向转过一定角度，这就是旋光性，偏转的一定角度称为旋光度。若面向光源观察，使偏振光的振动面逆时针旋转的物质称为左旋物质，顺时针旋转的物质称为右旋物质。测定旋光度的大小和方向，有助于鉴定和判断物质的分子立体结构，也能用于物质浓度的测定。

1. 旋光度与浓度的关系

旋光物质的旋光度的大小与方向除与旋光物质的分子立体结构有关外，还与测定温度、光经过物质的厚度、光源的波长等因素有关。若被测物质是溶液，当光源的波长、温度和光经过物质的厚度恒定时，其旋光度与溶液的浓度成正比。

测定旋光物质的浓度时，先用已知纯度的标准样品或参考样品按一定比例稀释成一系列已知浓度的试样，分别测出其旋光度。以浓度为横坐标，旋光度为纵坐标，作浓度–旋光度曲线，然后测出未知试样的旋光度，从曲线上查出该试样的浓度。

物质的旋光度可以因实验条件的不同而有很大的差异，所以人们提出了"比旋光度"的概念来表示物质的旋光能力。规定以钠光 D 线作为光源，温度为 20℃，一根 10cm 长的样品管中每立方厘米溶液中含有 1g 旋光物质时所产生的旋光度，即为该物质的比旋光度。

比旋光度用符号 $[a]_D^t$ 表示，D 表示光源，t 表示温度。

$$[a]_D^t = \frac{10a}{L \cdot c} \tag{3.4.3}$$

式中，a 为测得的旋光度值；L 为样品管的长度（单位为 cm）；c 为浓度（单位为 g/cm³）。

比旋光度 $[a]_D^t$ 是表示旋光物质旋光能力的一个常数，可由手册查出，这样测出未知浓度的试样的旋光度，代入式（3.4.3）即可计算出其浓度 c。

2. 旋光仪的构造和测定原理

旋光度是由旋光仪进行测定的。旋光仪主要由起偏镜和检偏镜两部分构成。起偏镜由一对尼科耳棱镜构成，它能使在垂直于传播方向的一切方向上振动的可见光偏振，以此来获得只在某一平面内的方向上振动的光线，它被固定在仪器前端。检偏镜由一对尼科耳棱镜与刻度盘连动而成。旋光仪就是利用检偏镜来测定旋光度的。如果调节检偏镜使其透光的轴向角度与起偏镜的透光轴向角度互相垂直，则在检偏镜前观察到的视场是黑暗的；如果在起偏镜与检偏镜之间放入一个盛满旋光物质的样品管，由于物质的旋光作用，原来从起偏镜出来的偏振光转过了一个角度 α，这样视场就不是黑暗的；如果将检偏镜也相应地转过一个角度 α，则视场恢复黑暗。因此检偏镜由第一次黑暗到第二次黑暗的角度差，即为被测物质的旋光度。

转动检偏镜时，通过检偏镜及物、目镜组可以观察到图 3.4.5 所示的 3 种视场变化情况。转动检偏镜，只有在零度（旋光仪出厂前调整好）视场中，3 部分暗度才一致。当放进存有被测溶液的试管后，由于被测溶液具有旋光性，平面偏振光旋转了一个角度，零度视场便发生了变化，出现暗度不相同的视场[图 3.4.5（a）或图 3.4.5（b）]。转动检偏镜一定角度，能再次出现暗度相同的视场[图 3.4.5（c）]，将这一位置作为仪器的零度。每次测定时，调节检偏镜使视场的暗度相同，这个转角就是溶液的旋光度，它的数值可通过放大镜从刻盘上读出。

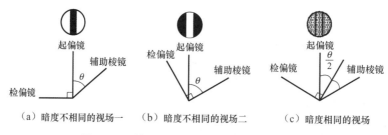

（a）暗度不相同的视场一　　（b）暗度不相同的视场二　　（c）暗度相同的视场

图 3.4.5　转动检偏镜时的 3 种视场变化情况

3. WXG-4 型旋光仪的使用方法

WXG-4 型旋光仪的外形如图 3.4.6 所示。

WXG-4 型旋光仪的使用方法如下。

（1）将旋光仪接于 220V 交流电源。开启电源开关，约 5min 后钠光灯发光正常，即可开始工作。

（2）检查旋光仪的零位。在旋光仪未放试管或未放进充满蒸馏水的试管时，观察零度视场亮度是否一致。如果不一致，则说明有零位误差，应在测量读数中减去或加上该偏差值。

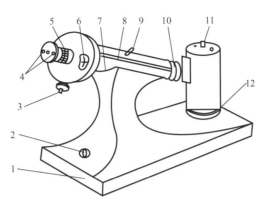

1—底座；2—电源开关；3—刻度盘转动手轮；4—读数放大镜；5—调焦手轮；6—刻度盘游标；
7—镜筒；8—镜筒盖；9—镜盖手柄；10—镜盖连接圈；11—灯罩；12—灯座。

图 3.4.6　WXG-4 型旋光仪的外形

（3）选取长度适宜的旋光管，注满待测溶液，旋紧螺母，确保不漏水。若有小气泡，应将气泡赶至旋光管的凸颈处。

（4）测定旋光度。转动刻度盘和检偏镜，在视场中寻找到亮度一致的位置，再从刻度盘上读数。读数是正的为右旋物质，读数是负的为左旋物质。

4. 自动旋光仪的构造原理

自动旋光仪采用光电自动原理设计，仪器的灵敏度高，读数方便，能减小人为观察明暗度产生的误差。其结构原理如图 3.4.7 所示。

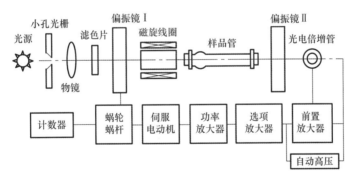

图 3.4.7　自动旋光仪的结构原理

仪器以钠光灯作光源，光线通过小孔光栅和物镜产生一束平行光；平行光通过滤色片和偏振镜 I 产生平面偏振光，当平面偏振光经过有法拉第效应的磁旋线圈时，其振动面会产生一定角度的往复摆动；通过样品管后，偏振光的振动面会旋转一定角度；光线经过偏振镜 II 透射到光电倍增管上，产生交变的光电信号；经功率放大后，光电信号驱动伺服电动机，并通过蜗轮蜗杆机械传动到计数器上显示读数，此读数即为所测物质的旋光度。

5. WZZ-2 型自动旋光仪的使用方法

WZZ-2 型自动旋光仪采用光电检测器，通过电子放大系统及机械反馈系统自动调整角度，最后通过数字显示旋光度。该仪器灵敏度高，读数方便，能减小人为观察视场明暗度时产生的误差。WZZ-2 型自动旋光仪的外形如图 3.4.8 所示。

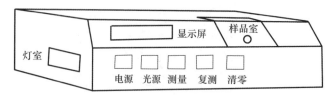

图 3.4.8 WZZ-2 型自动旋光仪的外形

WZZ-2 型自动旋光仪的使用方法如下。

（1）将仪器接于 220V 交流电源，打开"电源"开关。观察仪器侧面灯室，钠光灯亮，等待 10min，使钠光灯发光稳定。

（2）打开"光源"开关。若"光源"开关打开后，钠光灯熄灭，则再将"光源"开关重复打开 1～2 次，使钠光灯在直流供电下发光即为正常。

（3）按下"测量"开关，仪器处于待测状态。

（4）将装有去离子水或其他空白溶剂的样品管放入样品室，盖上箱盖。待显示屏示数稳定后，按"清零"键。样品管中如有气泡，则应使气泡浮于凸颈处。通光面两端的雾状水滴应用软布擦干。样品管螺母不宜旋得过紧，以免产生应力，影响读数。放置样品管时注意标记样品管的位置和方向。

（5）取出样品管，将待测样品注入样品管，按相同的位置和方向放入样品室内，盖好箱盖。仪器显示屏将显示出该样品的旋光度。

（6）逐次按"复测"键，重复读数 3 次，取平均值作为样品的旋光度测试结果。

（7）如果样品超过测量范围，仪器在 ±45° 处停止。此时，打开箱盖，取出样品管，按箱内的"回零"键，仪器自动转回零位。调整待测样品浓度或样品管规格后，再次测量。

（8）仪器使用完毕，应依次关闭"测量"开关、"光源"开关和"电源"开关。

WZZ-2 型自动旋光仪使用注意事项如下。

（1）当待测样品透光率过低（深色试样）时，仪器的示数重复性将有所降低，此属于正常现象。

（2）钠光灯在直流供电系统出现故障不能使用时，仪器也可在钠光灯交流供电的情况下测试，但仪器的性能可能有所下降。

（3）当放入小角度（<0.5°）样品时，示数可能变化，这时只要按"复测"键，就会出现新的数字。

（4）仪器应避免振动，并应放在干燥通风处，防止潮气侵蚀，尽可能在 20℃ 的环境中使用仪器。

三、吸光度的测定

1. 吸光度与浓度的关系

当各种波长的光透过溶液时，其中某些波长的光会被吸收。不同物质对光的吸收具有选择性，因而不同物质会有各自的吸收光谱。当物质可吸收的单色光通过该物质溶液时，溶液的浓度与光强度减弱的程度有一定的比例关系，符合朗伯-比尔定律，即

$$T=\frac{I}{I_0}, \quad A=\lg\frac{I_0}{I}=Kcl \tag{3.4.4}$$

式中，T 为透光率；I_0 为入射光强度；I 为透射光强度；A 为吸光度；K 为摩尔吸光系数；l 为溶液层厚度；c 为溶液的浓度。

从式（3.4.4）可以看出，当摩尔吸光系数和溶液层厚度不变时，吸光度与被测物质的浓度成正比，这是分光光度法定量分析的依据。分光光度计的基本原理就是在此基础上设计的。

分光光度计通过测定吸光度来得到溶液的浓度。测定方法如下。

（1）吸收曲线的测定。在不同波长下测定样品的吸光度 A，以吸光度 A 对波长 λ 作图，图中最大吸收峰的波长即为该样品的特征吸收波长。

（2）工作曲线的测定。配制一系列浓度的样品，分别在特征吸收波长下测定吸光度 A，并作 $A-c$ 图，得到该样品的工作曲线。

（3）在特征吸收波长下测定未知浓度的该样品的吸光度，在工作曲线上查出该吸光度对应的浓度。

分光光度计的种类和型号较多，实验室常用的分光光度计有 72 型分光光度计、721 型分光光度计和 752 型分光光度计等。各种型号的分光光度计的基本结构相同，均由光源、单色器、样品吸收池、检测系统和信号指示系统构成。下面以 722 型光栅分光光度计为例说明其工作原理和使用方法。

2. 722 型光栅分光光度计的工作原理

722 型光栅分光光度计的工作原理如图 3.4.9 所示。

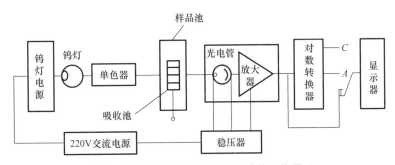

图 3.4.9　722 型光栅分光光度计的工作原理

钨灯发出的光经过单色器色散后，以单色光的形式透过狭缝射到样品池上，在经过样品池吸收后入射到光电管转换成光电流，光电流被放大器放大后，直接送到显示器显示出透光率（T）。调节光源供电电压，可以将空白样品的透光率调整到 100%。仪器内部设有对数转换器，可以直接将透光率（T）转换为吸光度（A），然后送到显示器显示出吸光度（A）。更方便的是，相对于给定浓度的标准试样，对 A 做斜率调节，使显示器显示值与浓度相符，以直接读出待测样品的浓度（c）。

3. 722 型光栅分光光度计使用方法

722 型光栅分光光度计是利用物质对不同波长的光选择性吸收的特性，进行物质的定性和定量分析的仪器。其外形如图 3.4.10 所示。

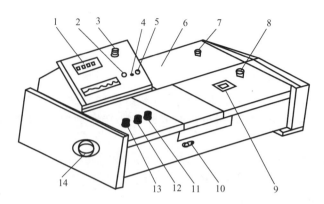

1—数字显示器；2—吸光度调零旋钮；3—选择开关；4—吸光度调斜率电位器；
5—浓度旋钮；6—光源室；7—电源开关；8—波长手轮；9—波长刻度窗；
10—试样架拉手；11—"100％T"旋钮；12—"0％T"旋钮；
13—灵敏度调节旋钮；14—干燥器。

图 3.4.10　722 型光栅分光光度计的外形

722 型光栅分光光度计的使用方法如下。

（1）预热仪器。将选择开关置于"T"，打开电源开关，使仪器预热 20min。为了防止光电管疲劳，不要连续光照。预热仪器时和不测定时应将试样室盖打开，切断光路。

（2）选定波长。根据实验要求，转动波长手轮，调至所需要的单色光的波长。

（3）固定灵敏度挡。在能使空白溶液很好地调到"100％"的情况下，尽可能采用灵敏度较低的挡。使用时先调到"1"挡，灵敏度不够时再逐渐升高。但是，换挡改变灵敏度后，需重新校正"0％"和"100％"。实验过程中不要再变动选好的灵敏度。

（4）调节 $T=0\%$。轻轻旋动"0％T"旋钮，使数字显示为"00.0"（此时试样室是打开的）。

（5）调节 $T=100\%$。将盛（蒸馏水空白溶液或纯溶剂）的比色皿放入比色皿座架中的第一格内，并对准光路，把试样室盖轻轻盖上，调节透过率"100％T"旋钮，使数字显示为"100.0"。

（6）测定吸光度。将选择开关置于"A"，盖上试样室盖，将空白溶液置于光路中，调节吸光度调节旋钮，使数字显示为"00.0"。将盛有待测溶液的比色皿放入比色皿座架中的其他格内，盖上试样室盖，轻轻拉动试样架拉手，使待测溶液进入光路，此时数字显示值为待测溶液的吸光度。读数后，打开试样室盖，切断光路。重复上述测定操作 1~2 次，读出相应的吸光度，取其平均值。

（7）测定浓度。将选择开关由"A"旋置"C"，将已标定浓度的样品放入光路，调节浓度旋钮，使数字显示为标定值，将被测样品放入光路，此时数字显示值为待测溶液的浓度。

（8）关机。实验完毕，切断电源，将比色皿取出洗净，并将比色皿座架用软纸擦净。

第五节 热分析测量技术

国际热分析联合会（现名为国际热分析及量热学联合会）将热分析定义为在程序控制温度的条件下测量物质的物理性质与温度的关系的一类技术。程序控温就是把温度看作时间的函数。整个热分析应包括对热转变机理和物理化学变化的热动力学过程的研究。当物质发生熔融、升华或晶型转变等物理变化或化学变化时，总要吸热或放热，而有些物理变化或化学变化仅跟温度和时间相关，这种变化过程与温度或时间的函数关系是热分析方法的基础。最常用的热分析方法有差热分析（differential thermal analysis，DTA）法、差示扫描量热（differential scanning calorimetry，DSC）法、热重分析（thermogravimetry analysis，TGA）法、导数热重量（derivative thermogravimetry，DTG）法、热机械分析（thermal mechanial Analysis，TMA）法和动态热机械分析（dynamic mechanical analysis，DMA）法。下面将配合基础物理化学实验，简单介绍 DTA、DSC 和 TGA 的基本原理和仪器。

一、DTA

DTA 是在程序控制温度的条件下，测定试样与参比物之间的温差 ΔT 与温度 T 或时间 t 之间的函数关系的一种分析技术。物质在加热或冷却过程中，当达到某一温度时，往往会发生熔化、凝固、晶型转变、分解、化合、吸附或脱附等物理变化或化学变化，并伴有吸热或放热现象，体现物质的熔变。DTA 利用这些特点，通过测定同样升温过程中试样与参比物之间的温差 ΔT 随温度 T 或时间 t 的变化关系，来对反应热进行测定，分析化合物的热稳定性，定性地鉴定所研究物质的相转变或化学反应，因此 DTA 是科学研究和生产中重要的理化分析方法之一。如果将 DTA 与 X 射线衍射和显微结构等相分析方法配合起来，就能对物质的相进行定性及定量分析，探索物质的内部结构、研究物质的性能和确定某些反应的机理，使其在相平衡、物相分析、化学动力学、催化剂和聚合物等方面也得到应用，为研究物质的性能和制取具有一定特性的新材料提供有效手段。

1. DTA 的基本原理

DTA 的基本原理如图 3.5.1 所示。

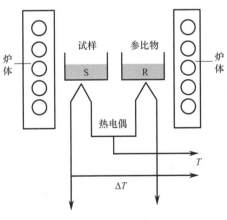

图 3.5.1 DTA 的基本原理

将试样和参比物放入坩埚，置于炉中升温，改变试样和参比物的温度。若试样和参比物的热容相同，试样又无热效应，则二者的温差 ΔT 近似为 0，可得到一条平滑的基线。随着温度 T 的增加，试样产生了热效应，而参比物没有产生热效应，二者之间产生了温差 ΔT，在 DTA 曲线上表现为峰，温差越大，峰也越大；温差变化次数多，峰的数目也多。朝上的峰称为放热峰，朝下的峰称为吸热峰。各种吸热峰或放热峰的个数、形状和位置与相应的温度可用来定性地鉴定所研究物质的相转变或化学反应。典型的 DTA 曲线参见图 2.7.2。

但是，由于试样产生热效应时，升温速率非线性，并且试样产生热效应时与参比物和环境之间有热交换，因此会降低 DTA 热效应测定的灵敏度和精确度。DTA 难以用于定量计算，只能进行定性或半定量分析。

2. DTA 曲线转折点温度和峰面积的测定

（1）DTA 曲线转折点温度的确定。

如图 3.5.2 所示，由 DTA 信号峰可得到下列几种特征温度：曲线偏离基线温度 T_a，曲线的峰值温度 T_p，曲线最陡峭部分的切线与基线的延长线的交点温度 T_e。其中，T_a 与仪器的灵敏度有关，T_e 最接近热力学平衡温度。

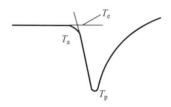

图 3.5.2　DTA 曲线转折点温度

（2）DTA 曲线峰面积的确定。

DTA 曲线的峰面积为反应前后基线所包围的面积。其确定方法一般有以下四种。

① 使用积分仪，可以直接读数或自动记录差热峰的面积。

② 如果样品差热峰的对称性好，可作为等腰三角形处理，用峰高乘以半峰宽的方法求出峰面积。

③ 剪纸称重法。若记录纸厚薄均匀，可将差热峰剪下来，在分析天平上称其质量，其数值可以代表峰面积。

④ 新型的差热仪由计算机程序控制和记录数据，由自带数据处理软件直接对信号峰积分求出峰面积。

3. DTA 装置的基本结构

DTA 装置的种类很多，一般都由可控硅加热系统、温度控制系统、信号放大系统、差热系统和数据处理系统组成。典型的 DTA 装置结构简图如图 3.5.3 所示。

① 可控硅加热系统和温度控制系统。可控硅加热系统（加热炉）提供测定所需的加热条件。升温速率、测定的温度范围等加热条件由温度控制系统控制。温度控制系统由程序信号发生器、微伏放大器、PID 调节器、可控硅触发器和可控硅执行元件等构成。程序信号发生器按设定的程序方式（如升温、降温、恒温和循环）给出微伏信号，当温控热电偶的热电势与程序信号发生器给出的微伏信号有差别时，表示炉温偏离设定值，此时偏差

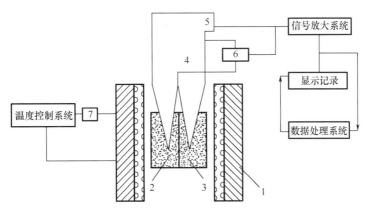

1—可控硅加热系统（加热炉）；2—试样；3—参比物；4—测温热电偶；

5—差热系统（温差热电偶）；6—测温元件；7—温控元件。

图 3.5.3　典型的 DTA 装置结构简图

值通过微伏放大器放大，并送到 PID 调节器，再由可控硅触发器导通可控硅执行元件，调整电炉的加热功率，使炉温很好地跟踪设定值以消除偏差，从而控制炉温以一定速率上升、下降或恒定。

② 信号放大系统。信号放大系统用于放大温差电势。由于记录仪量程为毫伏级，差热分析中温差信号很小，一般只有几微伏到几十微伏，因此差热信号必须经信号放大系统放大。

③ 差热系统。差热系统是整个装置的核心部分，测温热电偶是其中的关键性元件，起着测温和传输信号的作用。在盛放试样和参比物的两个坩埚中各有一个测温热电偶，经信号放大系统放大的差热信号会传输到数据处理系统处理并记录。

④ 数据处理系统。数据处理系统由计算机、数据处理系统软件和打印机组成。它具有实时采集、曲线显示、数据处理、绘图、列表和数据存储读入等功能。

4. 实验操作条件的选择

DTA 实验操作简单，但在实际工作中常常发现同一试样用不同仪器或由不同人测量时，得到的 DTA 曲线往往会有差异。峰的最高温度、形状、面积和峰值大小都会发生一定变化，这主要与 DTA 装置的传热情况较复杂有关，一般涉及装置和试样的影响。虽然影响因素很多，但只要严格控制某些实验条件，仍可获得较好的重现性。实验操作条件的选择如下。

（1）气氛和压力的选择。

气氛和压力可以影响试样化学反应和物理变化的平衡温度和峰形。因此，必须根据试样的性质选择适当的气氛和压力。如果有些试样易氧化，则可以通入 N_2、Ne 等惰性气体。

（2）升温速率的选择。

升温速率不仅影响峰的位置，而且影响峰面积的大小。一般来说，在较大的升温速率下，峰面积变大，峰形尖锐。然而，大的升温速率使试样分解，偏离平衡条件的程度也大，易使基线产生漂移，还可能导致相邻两个峰重叠，不易分辨。对于较小的升温速率，基线漂移小，系统更接近平衡条件，从而得到宽而浅的峰，也能使相邻的两个峰更好地分离，易分辨。但是，较小的升温速率会使测定时间变长，需要仪器的灵敏度更高。一般情况下，以选择 8～12℃/min 的升温速率为宜。

（3）试样的预处理及用量的选择。

增大试样的用量可以增大峰面积，但试样用量过大，易使相邻的两个峰重叠，不易分辨。通常根据装置的灵敏度，选用几毫克至几百毫克的试样。试样的颗粒度为 100～200 目，颗粒小可以改善导热条件，但太小可能会破坏试样的结晶度；对易分解产生气体的试样，颗粒应大一些，便于气体产物的排出。参比物的颗粒、装填情况及紧密程度应与试样一致，以减少基线的漂移。

（4）参比物的选择。

要获得平稳的基线，参比物的选择很重要。要求参比物在加热或冷却过程中不发生任何变化，在整个升温过程中参比物的比热、导热系数和粒度尽可能与试样一致或相近。常用 α-Al$_2$O$_3$ 或煅烧过的氧化镁（MgO）或石英砂作参比物。如果试样为金属，则可以用金属镍粉作参比物。

不同实验操作条件的选择会影响 DTA 曲线，除上述外还有许多因素，如样品管的材料、大小和形状，热电偶的材质及热电偶插在试样和参比物中的位置等。样品支持器和均温块的结构和材质也是影响 DTA 曲线的因素。选用低导热系数的材料，如陶瓷制成的均温块，对吸热过程有较好的分辨率；高导热系数的材料，如金属制成的均温块，对放热过程有较好的分辨率。

二、DSC

DSC 是一种在 DTA 基础上发展起来的热分析法。DSC 克服了 DTA 的缺点，试样产生的热效应能及时得到应有的补偿，试样与参比物之间无温差、无热交换，试样温度始终跟随炉温线性升高，测定的灵敏度和精确度大大提高。

1. DSC 的基本原理

DSC 装置和 DTA 装置相似，不同的是在试样和参比物容器下分别装有独立的两组补偿加热丝。当试样在加热过程中由于热效应与参比物之间出现温差 ΔT 时，通过差热放大电路和差动热量补偿放大器，流入补偿电热丝的电流会发生变化。当试样吸热时，差动热量补偿放大器使试样一边的电流立即增大；当试样放热时，则使参比物一边的电流增大，直到两边热量平衡，温差 ΔT 消失为止。试样在热反应时发生的热量变化由于及时输入电功率而得到补偿，因此实际记录的是试样和参比物下面两组补偿电热丝的热功率差随时间 t 的变化关系（$dH/dt - t$）。如果升温速率恒定，记录的就是热功率差随温度 T 的变化关系（$dH/dt - T$）。功率补偿型 DSC 原理示意图如图 3.5.4 所示。

在 DSC 中，为使试样和参比物的温差保持为零，单位时间内必须施加的热量与温度的关系曲线称为 DSC 曲线。它以试样吸热或放热的速率，即热功率差 dH/dt 为纵坐标，以温度 T 或时间 t 为横坐标，典型的 DSC 曲线如图 3.5.5 所示。曲线的峰面积（S）与热焓的变化成正比，即

$$\Delta H = KS \qquad\qquad (3.5.1)$$

式中，K 为与温度无关的仪器常数。

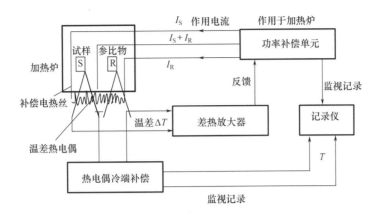

图 3.5.4　功率补偿型 DSC 原理示意图

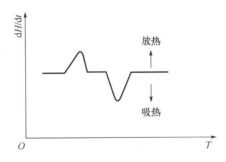

图 3.5.5　典型的 DSC 曲线

如果预先用已知相变热的试样测定仪器常数，则根据试样的峰面积就可以得到 ΔH_m。例如，在实际测定过程中，可以利用测定锡、铅和铟等纯金属的熔化，从其已知的熔化热的值来获得仪器常数。因此，DSC 的结果是可以用于定量分析的，这是它与 DTA 的一个重要区别。

2. DTA 和 DSC 的比较

DSC 是在 DTA 的基础上发展而来的，现有的 DSC 装置的结构与 DTA 装置的结构相似，只是增加了补偿加热丝，故既可做 DTA，也可做 DSC。

DSC 曲线以热功率差 dH/dt 为纵坐标，以温度 T 或时间 t 为横坐标，而 DTA 曲线以温差 ΔT 为纵坐标，温度 T 或时间 t 为横坐标。这两种曲线的峰的位置、形状和数目都与物质的性质有关，都可以用来对物质进行定性鉴定。由于物质的物理变化或化学变化都有热效应，理论上 DSC 和 DTA 都可以用来测定热效应，曲线的峰面积与热焓的关系可用 $\Delta H = KS$ 表示。对 DSC 曲线而言，K 为与温度无关的仪器常数；而对 DTA 曲线而言，K 与温度、仪器和操作条件有关。由此可以看出，在定量分析中，DSC 优于 DTA。由于能定量测定各种热力学参数（如热焓、熵和比热等）和动力学参数，DSC 测定的温度范围更宽，分辨能力和灵敏度更高，因此在应用科学和理论研究中获得了广泛的应用。

三、TAG

TGA 是指在程序控制温度的条件下，测量试样的质量与温度或时间关系的一种热分析技术。许多物质在加热过程中常伴随质量的变化，这种变化过程有助于研究晶体性质的变化，如熔化、蒸发、升华和吸附等，也可以用来研究物质的脱水、解离、氧化和还原等化学变化。

TGA 的主要特点是定量性强，能准确地测量物质的质量变化及变化的速率。可以说，只要物质加热时发生质量变化，都可以用 TGA 来研究。TGA 在金属合金、高分子材料和药物研究等方面有广泛的应用。TGA 对有些问题也不能独立地解决，如 TGA 只能反映热化学过程的质量、焓变因温度的改变而变化，对过程中具体发生了怎样的物质变化不能准确说明，也不能对反应机理进行解释和研究。新的发展趋势是将 TGA 与红外光谱、质谱和 X 射线衍射等分析方法联用，以拓展 TGA 的应用领域。

1. TGA 和 DTG 的基本原理

TGA 通常分为静态法和动态法两种。静态法又分等压质量变化和等温质量变化两种情况。等压质量变化是在恒定分压下测定物质的挥发性产物的质量变化与温度 T 的函数关系，以质量变化为纵坐标，温度 T 为横坐标，可以得到等压质量变化曲线；等温质量变化是在恒温下测定物质质量变化与时间 t 的函数关系，以质量变化为纵坐标，时间 t 为横坐标，可以得到等温质量变化曲线。动态法又称非等温热重法，是在程序升温条件下测定物质的质量变化与时间 t 的函数关系，采用连续升温连续称重的方式。

以质量变化的数值 dm 对时间 t 或温度 T 作图，得到 TGA 曲线，如图 3.5.6 中曲线 a 所示；若以物质的质量变化速率 dm/dt 对温度 T 作图，即得到 DTG 曲线，如图 3.5.6 中曲线 b 所示。DTG 曲线可以由 TGA 曲线进行微分得到，也可以采用适当的仪器直接测得，DTG 曲线上的峰代替了 TGA 曲线的阶梯，故提高了 TGA 曲线的分辨率。

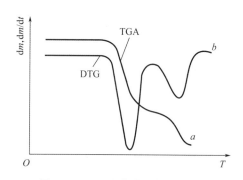

图 3.5.6　TGA 曲线和 DTG 曲线

2. 仪器结构

TGA 仪器是一种在程序控温的条件下自动连续记录物质质量与温度 T 或时间 t 的函数关系的热重分析仪。热重分析仪主要包括加热炉、天平、程序控温系统、自动记录系统等。热重分析仪的基本原理是将待测物置于可程序控温的加热炉中的天平上。在加热或冷却的过程中，由于待测物反应会导致质量变化，质量变化可以通过高温炉里高灵敏度的天平测得，此时天平会发生倾斜。采用差动变压器法或光学法测定天平的倾斜度，然后调节磁场中线圈的电流，使线圈转动，恢复天平的平衡。由于线圈转动所施加的力与质量变化成比例，这个力又与线圈中的电流成比例，因此只需测量单元自动采集并记录电流的变化，便可得到质量变化的曲线，这种测量原理称为零位法。根据天平的倾斜度与质量变化成比例的关系，也可用差动变压器等得知倾斜度，并自动记录，这种测量原理称为变位法。热重分析仪的结构示意图如图 3.5.7 所示。

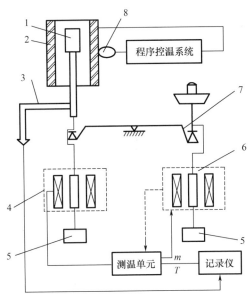

1—试样支持器；2—加热炉；3—测温热电偶；4—传感器；5—平衡锤；
6—阻尼和天平复位器；7—天平；8—阻尼信号。

图 3.5.7 热重分析仪的结构示意图

3. 影响 TGA 测定结果的因素

TGA 的测定结果与许多因素有关，为了得到准确性和重复性好的 TGA 曲线，很有必要对各种影响因素进行仔细分析。影响 TGA 的因素基本上可以分为三类：仪器因素、实验条件因素和试样因素。

① 仪器因素。仪器因素包括气体浮力和对流、坩埚、挥发物冷凝、天平灵敏度、试样支架和热电偶等。对于给定的热重分析仪，天平灵敏度、试样支架和热电偶的影响是固定的，因此可以通过质量校正和温度校正来减少或消除这些系统误差。下面主要介绍气体浮力和对流及坩埚的影响。

气体浮力的影响是因为气体的密度随温度升高，试样周围的气体密度变小，导致气体对试样支持器和试样的浮力减小。尽管试样本身没有质量变化，但试样随温度升高而质量增加。而与之同时存在的对流效应在常温下因为试样周围的气体受热变轻，形成的向上的热气流作用在天平上，从而引起试样的表观质量损失。为了减少气体浮力和对流的影响，可以选择在真空条件下测定或选用卧式结构的热重分析仪测定。

坩埚的影响与其大小、形状和材质有关。坩埚的大小和形状与试样量有关，试样量多，则坩埚大而深，直接影响试样的热传导和热扩散及其他产物的挥发速率，从而易使 TGA 曲线终止温度向高温端偏移。因此，选用轻巧、浅底的坩埚有利于热传导、热扩散和挥发。坩埚的材质通常选择对试样、中间产物、最终产物和气氛没有反应活性和催化活性的惰性材料，如 Pt 或 Al_2O_3 等。

② 实验条件因素。实验条件因素包括升温速率和气氛。升温速率对 TGA 曲线的影响

较大。升温速率大，热滞后效应大，起始分解温度和终止分解温度也会相应升高，不利于中间产物的检出，使 TGA 曲线的拐点不明显，相邻的变化区重叠在一起，分辨率降低。一般来说，升温速率为 5℃/min 和 10℃/min 时，对 TGA 曲线的影响不太明显。气氛对 TGA 也有影响，它既能影响反应性质、方向、速率和温度，也能影响 TGA 称量的结果。送试样做 TGA 时，需注明气氛条件。

③ 试样因素。试样因素主要包括试样用量、试样粒度和形状。试样用量对热传导、热扩散和气体的扩散都有影响。当试样用量较多时，热效应和温度梯度都会变大，对热传导和气体扩散不利，导致温度出现偏差。试样用量应在热天平灵敏度允许的范围内尽量减少。试样粒度要适当，粒度太大，会影响热传递；粒度太小，反应速度会提高，TGA 曲线上的起始分解温度和终止分解温度都会降低，反应区间变小，反应进行得完全。试样形状也会影响热传导和气体的扩散。一般来说，呈大片状的试样的分解温度比呈颗粒状的试样的分解温度高，热峰会变高，范围会变宽，故峰形趋于高而宽。

附　录

附录 1　国际单位制的基本单位

量的名称	单位名称	单位符号
长度	米	m
质量	千克	kg
时间	秒	s
电流	安［培］	A
热力学温度	开［尔文］	K
物质的量	摩［尔］	mol
发光强度	坎［德拉］	cd

（摘自国家技术监督局，1993. 国际单位制及其应用：GB 3100—93［S］. 北京：中国标准出版社.）

附录 2　国际单位制的导出单位

量的名称	单位名称	单位符号	其他表示方法
频率	赫［兹］	Hz	s^{-1}
力	牛［顿］	N	$kg \cdot m \cdot s^{-2}$
压强、压力、应力	帕［斯卡］	Pa	$N \cdot m^{-2}$
能［量］、功、热量	焦［耳］	J	$N \cdot m$
电荷［量］	库［仑］	C	$A \cdot s$
功率	瓦［特］	W	$J \cdot s^{-1}$
电位［电势］、电压、电动势	伏［特］	V	$W \cdot A^{-1}$
电容	法［拉］	F	$C \cdot V^{-1}$
电阻	欧［姆］	Ω	$V \cdot A^{-1}$
电导	西［门子］	S	$A \cdot V^{-1}$
磁通［量］	韦［伯］	Wb	$V \cdot s$
磁感应强度	特［斯拉］	T	$Wb \cdot m^{-2}$
电感	亨［利］	H	$Wb \cdot A^{-1}$
摄氏温度	摄氏度	℃	

（摘自国家技术监督局，1993. 国际单位制及其应用：GB 3100—93［S］. 北京：中国标准出版社 .）

附录3　用于构成十进倍数和分数单位的词头

倍数	词头名称	词头符号	分数	词头名称	词头符号
10^{24}	尧［它］（yotta）	Y	10^{-1}	分（deci）	d
10^{21}	泽［它］（zetta）	Z	10^{-2}	厘（centi）	c
10^{18}	艾［可萨］（exa）	E	10^{-3}	毫（milli）	m
10^{15}	拍［它］（peta）	P	10^{-6}	微（micro）	μ
10^{12}	太［拉］（tera）	T	10^{-9}	纳［诺］（nano）	n
10^{9}	吉［咖］（giga）	G	10^{-12}	皮［可］（pico）	P
10^{6}	兆（mega）	M	10^{-15}	飞［母托］（femto）	f
10^{3}	千（kilo）	k	10^{-18}	阿［托］（atto）	a
10^{2}	百（hecto）	h	10^{-21}	仄［普托］（zepto）	z
10^{1}	十（deca）	da	10^{-24}	幺［科托］（yocto）	y

（摘自国家技术监督局，1993. 国际单位制及其应用：GB 3100—93［S］. 北京：中国标准出版社 .）

附录 4 单位换算表

力单位换算

牛顿，N	千克力，kgf	达因，dyn
1	0.102	10^5
9.80665	1	9.80665×10^5
10^{-5}	1.02×10^{-6}	1

压力单位换算

帕斯卡 Pa	工程大气压 at	毫米水柱 mmH$_2$O	标准大气压 atm	毫米汞柱 mmHg	巴 bar
1	1.02×10^{-5}	0.102	9.86923×10^{-6}	0.0075	1×10^{-5}
98067	1	10^4	0.9678	735.6	0.980665
9.807	0.0001	1	0.9678×10^{-4}	0.0736	9.80665×10^{-5}
101325	1.033	10332	1	760	1.01325
133.322	0.00036	13.6	1.31579×10^{-3}	1	1.33322×10^{-3}

注：$1Pa = 1N \cdot m^{-2}$，$1at = 1kgf \cdot cm^{-2}$，$1mmHg = 1Torr$，$1atm = 1$ 物理大气压，$1bar = 10^5 N \cdot m^{-2}$。

能量单位换算

焦耳 J	尔格 erg	千克力米 kgf·m	千瓦时 kW·h	千卡 kcal (国际蒸汽表卡)	升大气压 L·atm
1	10^7	0.102	277.8×10^{-9}	239×10^{-6}	9.869×10^{-3}
10^7	1	0.102×10^{-7}	27.78×10^{-15}	23.9×10^{-12}	9.869×10^{-10}
9.807	9.807×10^7	1	2.724×10^{-6}	2.342×10^{-3}	9.679×10^{-3}
3.6×10^6	3.6×10^{13}	367.1×10^3	1	859.845	3.553×10^4
4186.8	4.1868×10^{10}	426.935	1.163×10^{-3}	1	41.29
101.3	1.013×10^9	10.33	2.814×10^{-5}	0.024218	1

注：$1erg = 1dyn \cdot cm$，$1J = 1N \cdot m = 1W \cdot s$，$1eV = 1.602 \times 10^{-19} J$，1 国际蒸汽表卡 $= 1.00067$ 热化学卡。

（摘自罗澄源，向明礼，等，2004. 物理化学实验［M］. 4 版. 北京：高等教育出版社：265.）

附录5　物理化学基本常数

常数名称	符号	数值	国际单位	其他单位
重力加速度	g	9.80665	$m \cdot s^{-2}$	$10^2 cm \cdot s^{-2}$
真空中光速	c_0	2.99792458×10^8	$m \cdot s^{-1}$	$10^{10} cm \cdot s^{-1}$
普朗克常数	h	$6.6260755 \times 10^{-34}$	$J \cdot s$	$10^{-27} erg \cdot s$
玻尔兹曼常数	k	1.380658×10^{-23}	$J \cdot K^{-1}$	$10^{-16} erg \cdot K^{-1}$
阿伏伽德罗常数	L、N_A	6.0221367×10^{23}	mol^{-1}	
法拉第常数	F	9.6485309×10^4	$C \cdot mol^{-1}$	
元电荷	e	$1.60217733 \times 10^{-5}$	C	esu
		4.803×10^{-10}		
电子〔静〕质量	m_e	$9.10938215 \times 10^{-31}$	kg	$10^{-28} g$
质子〔静〕质量	m_p	1.672623×10^{-27}	kg	$10^{-24} g$
玻尔半径	a_0	$5.29177249 \times 10^{-11}$	m	$10^{-9} cm$
玻尔磁子	μ_B	$9.2740154 \times 10^{-24}$	$J \cdot T^{-1}$	$10^{-21} erg \cdot G^{-1}$
核磁子	μ_N	$5.0507866 \times 10^{-27}$	$J \cdot T^{-1}$	$10^{-24} erg \cdot G^{-1}$
理想气体摩尔体积 （$p=101.325kPa$, $t=0℃$）	V_0	22.41410×10^{-3}	$m^3 \cdot mol^{-1}$	
摩尔气体常数	R	8.314510	$J \cdot mol^{-1} \cdot K^{-1}$	$10^7 erg \cdot mol^{-1} \cdot K^{-1}$
		1.9872		$cal \cdot mol^{-1} \cdot K^{-1}$
		8.2056		$10^{-2} m^3 \cdot atm \cdot kmol^{-1} \cdot K^{-1}$
水的冰点		273.15	K	
水的三相点		273.16	K	

（摘自罗澄源，向明礼，等，2004. 物理化学实验［M］.4版.北京：高等教育出版社：261.）

附录 6　不同温度下水的饱和蒸气压

温度/℃	饱和蒸气压/mmHg	饱和蒸气压/Pa	温度/℃	饱和蒸气压/mmHg	饱和蒸气压/Pa
0	4.579	611.29	21	18.650	2484.7
1	4.926	657.31	22	19.827	2644.7
2	5.294	705.31	23	21.068	2810.4
3	5.685	758.64	24	22.377	2985.0
4	6.101	813.31	25	23.756	3169.0
5	6.543	872.60	26	25.209	3362.9
6	7.013	934.64	27	26.739	3567.0
7	7.513	1001.3	28	28.349	3781.8
8	8.045	1073.3	29	30.043	4007.8
9	8.609	1148.0	30	31.824	4245.5
10	9.209	1228.1	31	33.695	4495.3
11	9.844	1312.9	32	35.663	4757.8
12	10.518	1402.7	33	37.729	5033.5
13	11.231	1497.9	34	39.898	5322.9
14	11.987	1598.8	35	42.175	5626.7
15	12.788	1705.6	40	55.324	7381.4
16	13.634	1818.5	45	71.88	9589.8
17	14.530	1938.0	50	92.61	12344
18	15.477	2064.4	60	149.38	19932
19	16.477	2197.8	80	355.1	47373
20	17.535	2338.8	100	760.00	101325

（摘自 PERRY R H，GREEV D W，2001. 佩里化学工程师手册［M］.7 版．北京：科学出版社：2-49.）

附录7　一些物质的蒸气压与温度的关系

表中所列物质的蒸气压可用以下方程式计算：

$$\lg p = A - \frac{B}{C+t} + D$$

式中，p 为物质的蒸气压（mmHg）；A、B、C 为常数；t 为摄氏温度（℃）；D 为压力单位的换算因子，其值为 2.1249。

物质（分子式）	适用温度范围/℃	A	B	C
氯仿（$CHCl_3$）	−35～61	6.4934	929.44	196.03
四氯化碳（CCl_4）		6.87926	1212.021	226.41
甲醇（CH_4O）	−14～65	7.89750	1474.08	229.13
乙酸（$C_2H_2O_2$）	liq	7.38782	1533.313	222.309
乙醇（C_2H_6O）	−2～100	8.32109	1718.10	237.52
丙酮（C_3H_6O）	liq	7.11714	1210.595	229.664
乙酸乙酯（$C_4H_8O_2$）	15～76	7.10179	1244.95	217.88
异丙醇（C_3H_8O）	0～101	8.11778	1580.92	219.61
苯（C_6H_6）	8～103	6.90565	1211.033	220.790
正丁醇（$C_4H_{10}O$）	15～131	7.47680	1362.39	178.77
环己烷（C_6H_{12}）	20～81	6.84130	1201.53	222.65
甲苯（C_7H_8）	6～137	6.95464	1344.800	219.48

（摘自迪安，2003. 兰氏化学手册：第2版［M］. 魏俊发，等译. 北京：科学出版社.）

附录 8　不同温度下水的折射率、黏度和介电常数

温度 $t/℃$	折射率 n_D	黏度[①]（$\times 10^3$）$\eta/(kg \cdot m^{-1} \cdot s^{-1})$	介电常数[②]ε
0	1.33395	1.7702	87.74
5	1.33388	1.5108	85.76
10	1.33369	1.3039	83.83
15	1.33339	1.1374	81.95
20	1.33300	1.0019	80.10
21	1.33290	0.9764	79.73
22	1.33280	0.9532	79.38
23	1.33271	0.9310	79.02
24	1.33261	0.9100	78.65
25	1.33250	0.8903	78.30
26	1.33240	0.8703	77.94
27	1.33229	0.8512	77.60
28	1.33217	0.8328	77.24
29	1.33206	0.8145	76.90
30	1.33194	0.7973	76.55
35	1.33131	0.7190	74.83
40	0.33061	0.6526	73.15
45	1.32985	0.5972	71.51
50	1.32904	0.5468	69.91
55	1.32817	0.5042	68.35
60	1.32725	0.4669	66.82
65		0.4341	65.32
70		0.4050	63.86
75		0.3792	62.43
80		0.3560	61.03
85		0.3352	59.66
90		0.3165	58.32
95		0.2995	57.01
100		0.2840	55.72

① 黏度是指单位面积的液层以单位速度流过相隔单位距离的固定液面时所需的切线力，单位为 $N \cdot s \cdot m^{-2}$ 或 $kg \cdot m^{-1} \cdot s^{-1}$ 或 $Pa \cdot s$。

② 介电常数（相对）是指某物质做介质时，与相同条件的真空情况下电容的比值，故介电常数又称相对电容率，无量纲。

（摘自 DEAN J A, 1985. Lange's Handbook of Chemistry ［M］. 13th ed. New York：Mc Graw- Hill Book Co.：10 - 90.）

附录 9　某些液体的折射率（25℃）

液体	n_D^{25}	液体	n_D^{25}
甲醇	1.336	四氯化碳	1.459
水	1.33252	乙酸乙酯	1.370
乙醚	1.352	甲苯	1.494
丙酮	1.357	苯	1.498
乙醇	1.359	苯乙烯	1.545
乙酸	1.370	溴苯	1.557
正己烷	1.372	苯胺	1.583
氯仿	1.444	溴仿	1.587
环己烷	1.42662	乙苯	1.493

（摘自 WEAST R C，ASTLE M J，1982. CRC Handbook of Chemistry and Physics ［M］．63rd ed. Boca Raton：CRC Press，Inc.：E-375.）

附录 10 不同温度下 KCl 溶液的电导率 κ（单位：$S \cdot cm^{-1}$）

$t/℃$	$c/(mol \cdot L^{-1})$[①]			
	1.000	0.1000	0.0200	0.0100
0	0.06541	0.00715	0.001521	0.000776
5	0.07414	0.00822	0.001752	0.000896
10	0.08319	0.00933	0.001994	0.001020
15	0.09252	0.01048	0.002243	0.001147
16	0.09441	0.01072	0.002294	0.001173
17	0.09631	0.01095	0.002345	0.001199
18	0.09822	0.01119	0.002397	0.001225
19	0.10014	0.01143	0.002449	0.001251
20	0.10207	0.01167	0.002501	0.001278
21	0.10400	0.01191	0.002553	0.001305
22	0.10594	0.01215	0.002606	0.001332
23	0.10789	0.01239	0.002659	0.001359
24	0.10984	0.01264	0.002712	0.001386
25	0.11180	0.01288	0.002765	0.001413
26	0.11377	0.01313	0.002819	0.001441
27	0.11574	0.01337	0.002873	0.001468
28		0.01362	0.002927	0.001496
29		0.01387	0.002981	0.001524
30		0.01412	0.003036	0.001552
35		0.01539	0.003312	
36		0.01564	0.003368	

① 在空气中称取 74.56g KCl，溶于 18℃的水中，将其稀释到 1L，其浓度为 1.000mol/L（密度为 1.0449g·mL^{-1}）；再稀释即可得其他浓度的 KCl 溶液。

（摘自孙在春，蔺五正，刘金河，等，2002. 物理化学实验［M］. 北京：石油大学出版社：244.）

附录 11　水溶液中离子在不同温度下的极限摩尔电导率

离子	极限摩尔电导率（$S \cdot cm^2 \cdot mol^{-1}$）			
	0℃	18℃	25℃	50℃
H^+	225	315	349.8	464
K^+	40.7	63.9	73.5	114
Na^+	26.5	42.8	50.1	82
NH_4^+	40.2	63.9	73.5	115
Ag^+	33.1	53.5	61.9	101
Cl^{-1}	41.0	66.0	76.35	
NO_3^-	40.0	62.3	71.5	
OH^-	105	171	198.3	
$\frac{1}{2}Ba^{2+}$	34.0	54.6	63.6	104
$\frac{1}{2}Ca^{2+}$	31.2	50.7	59.8	96.2
$\frac{1}{3}La^{3+}$	34.4	59.5	69.7	119
$\frac{1}{2}SO_4^{2-}$	41	68.4	80.0	
$\frac{1}{2}C_2O_4^{2-}$	39		72.7	
$\frac{1}{4}Fe(CN)_6^{4-}$	58	95	110.5	

（摘自印永嘉，1988. 物理化学简明手册［M］. 北京：高等教育出版社：191.）

附录 12 一些强电解质的活度系数 (25℃)

物质	质量摩尔浓度/ (mol·L⁻¹)									
	0.001	0.002	0.005	0.01	0.02	0.05	0.1	0.2	0.5	1.0
HCl	0.966	0.952	0.928	0.904	0.875	0.830	0.796	0.767	0.758	0.809
HNO_3	0.965	0.951	0.927	0.902	0.871	0.823	0.785	0.748	0.715	0.720
H_2SO_4	0.830	0.757	0.639	0.544	0.453	0.340	0.265	0.209	0.154	0.130
$AgNO_3$			0.92	0.90	0.86	0.79	0.72	0.64	0.51	0.40
$CuCl_2$	0.89	0.85	0.78	0.72	0.66	0.58	0.52	0.47	0.42	0.43
$CuSO_4$	0.74		0.53	0.41	0.31	0.21	0.16	0.11	0.068	0.047
KCl	0.965	0.952	0.927	0.901		0.815	0.769	0.719	0.651	0.606
K_2SO_4	0.89		0.78	0.71	0.64	0.52	0.43	0.36		
$MgSO4$				0.40	0.32	0.22	0.18	0.13	0.088	0.064
NH_4Cl	0.961	0.944	0.911	0.88	0.84	0.79	0.74	0.69	0.62	0.57
NH_4NO_3	0.959	0.942	0.912	0.88	0.84	0.78	0.73	0.66	0.56	0.47
NaCl	0.966	0.953	0.929	0.904	0.875	0.823	0.0780	0.73	0.68	0.66
$NaNO_3$	0.966	0.953	0.93	0.90	0.87	0.82	0.77	0.70	0.62	0.55
Na_2SO_4	0.887	0.847	0.778	0.714	0.641	0.53	0.45	0.36	0.27	0.20
$PbCl_2$	0.86	0.80	0.70	0.61	0.50					
$ZnCl_2$	0.88	0.84	0.77	0.71	0.64	0.56	0.50	0.45	0.38	0.33
$ZnSO_4$	0.70	0.61	0.48	0.39			0.15	0.11	0.065	0.045

（摘自罗澄源，向明礼，等，2004. 物理化学实验［M］.4 版. 北京：高等教育出版社：265.）

附录 13　不同温度下水的表面张力

$t/°C$	$\sigma(\times10^{-3})/(N\cdot m^{-1})$	$t/°C$	$\sigma(\times10^{-3})/(N\cdot m^{-1})$
0	75.64	21	72.59
5	74.92	22	72.44
10	74.22	23	72.28
11	74.07	24	72.13
12	73.93	25	71.97
13	73.78	26	71.82
14	73.64	27	71.66
15	73.49	28	71.50
16	73.34	29	71.35
17	73.19	30	71.18
18	73.05	35	70.38
19	72.90	40	69.56
20	72.75	45	68.74

（摘自 WEAST R C，1988. CRC Handbook of Chemistry and Physics ［M］. 69th ed. Boca Raten：CRC Press，Inc.：F-34.）

附录 14 几种溶剂的凝固点降低常数

溶剂	凝固点 $t_f/℃$	降低常数 $K_f/(℃ \cdot kg \cdot mol^{-1})$
乙酸($C_2H_4O_2$)	16.66	3.90
溴仿(CHBr$_3$)	8.05	14.40
苯酚(C_6H_6O)	40.90	7.40
苯(C_6H_6)	5.533	5.12
环己烷(C_6H_{12})	6.54	20.0
萘($C_{10}H_8$)	80.290	6.94
樟脑($C_{10}H_{16}O$)	178.75	37.70
水(H_2O)	0.00	1.853

（摘自 DEAN J A，1979. Lange's Handbook of Chemistry［M］.12th ed. New York：Mc Graw-Hill Book Co.：10-82.）

附录 15　标准电极电势及其温度系数

电极反应	$E^{\ominus}/V(25℃)$	$(dE^{\ominus}/dT)/(mV \cdot K^{-1})$
$Ag^+ + e^- = Ag$	$+0.7991$	-1.000
$AgCl + e^- = Ag + Cl^-$	$+0.2224$	-0.658
$AgI + e^- = Ag + I^-$	-0.151	-0.284
$Ag(NH_3)_2^+ + e^- = Ag + 2NH_3$	$+0.373$	-0.460
$Cl_2 + 2e^- = 2Cl^-$	$+1.3595$	-1.260
$2HClO(aq) + 2H^+ + 2e^- = Cl_2(g) + 2H_2O$	$+1.63$	-0.14
$Cr_2O_7^{2-} + 14H^+ + 6e^- = 2Cr^{3+} + 7H_2O$	$+1.33$	-1.263
$HCrO_4^- + 7H^+ + 3e^- = Cr^{3+} + 4H_2O$	$+1.2$	
$Cu^+ + e^- = Cu$	$+0.521$	-0.058
$Cu^{2+} + 2e^- = Cu$	$+0.337$	$+0.008$
$Cu^{2+} + e^- = Cu^+$	$+0.153$	$+0.073$
$Fe^{2+} + 2e^- = Fe$	-0.440	$+0.052$
$Fe(OH)_2 + 2e^- = Fe + 2OH^-$	-0.877	-1.06
$Fe^{3+} + e^- = Fe^{2+}$	$+0.771$	$+1.188$
$Fe(OH)_3 + e^- = Fe(OH)_2 + OH^-$	-0.56	-0.96
$2H^+ + 2e^- = H_2(g)$	0.0000	0
$2H^+ + 2e^- = H_2(aq, sat)$	$+0.0004$	$+0.033$
$Hg_2^{2+} + 2e^- = 2Hg$	-0.792	
$Hg_2Cl_2 + 2e^- = 2Hg + 2Cl^-$	$+0.2676$	-0.317
$HgS + 2e^- = Hg + S^{2-}$	-0.69	-0.79
$HgI_4^{2-} + 2e^- = Hg + 4I^-$	-0.038	$+0.04$
$Li^+ + e^- = Li$	-3.045	-0.534
$Na^+ + e^- = Na$	-2.714	-0.772
$Ni^{2+} + 2e^- = Ni$	-0.250	$+0.06$
$O_2(g) + 2H^+ + 2e^- = H_2O_2(aq)$	$+0.682$	-1.033
$O_2(g) + 4H^+ + 4e^- = 2H_2O(aq)$	$+1.229$	-0.846
$O_2(g) + 2H_2O + 4e^- = 4OH^-$	$+0.401$	-1.680
$H_2O_2(aq) + 2H^+ + 2e^- = 2H_2O$	$+1.77$	-0.658

电极反应	$E^{\ominus}/\text{V}(25℃)$	$(\text{d}E^{\ominus}/\text{d}T)/(\text{mV}\cdot\text{K}^{-1})$
$2H_2O+2e^- = H_2+2OH^-$	-0.8281	-0.8342
$Pb^{2+}+2e^- = Pb$	-0.126	-0.451
$PbO_2+H_2O+2e^- = PbO(red)+2OH^-$	$+0.248$	-1.194
$PbO_2+SO_4^{2-}+4H^++2e^- = PbSO_4+2H_2O$	$+1.685$	-0.326
$S+2H^++2e^- = H_2S(aq)$	$+0.141$	-0.209
$Sn^{2+}+2e^- = Sn(white)$	-0.136	-0.282
$Sn^{4+}+2e^- = Sn^{2+}$	$+0.15$	
$Zn^{2+}+2e^- = Zn$	-0.7628	$+0.091$
$Zn(OH)_2+2e^- = Zn+2OH^-$	-1.245	-1.002

（摘自印永嘉，1988. 物理化学简明手册［M］. 北京：高等教育出版社：214.）

附录 16　聚乙二醇在不同温度下的 K、α 值（水为溶剂）

$t/℃$	$K\ (\times 10^6)\ /\ (m^3 \cdot kg^{-1})$	α	$\overline{M}/(\times 10^{-4})$
25	156	0.50	0.019～0.1
30	12.5	0.78	2～500
35	6.4	0.82	3～700
35	16.6	0.82	0.04～0.4
45	6.9	0.81	3～700

（摘自孙红尧，程镕时，1995. 聚乙二醇溶液的粘度行为［J］. 高等化学学报，3（16）：467 - 470.）

附录 17　常见物质的介电常数、凝固点及凝固点降低

物质	介电常数 $\varepsilon/(F \cdot m^{-1})$		凝固点 $t_f/℃$	降低常数 $K_f/(℃ \cdot kg \cdot mol^{-1})$	
甲酸	57.0 (21)	1.1 (25)	邻硝基甲苯	26.36 (20)	
1-戊醇	16.9 (20)	5.13 (25)	氯仿	4.807 (25)	4.31 (50)
乙酸甲酯	7.03 (20)	6.68 (25)	乙苯	2.446 (20)	
乙酸乙酯	6.081 (20)	5.30 (77)	1-丙醇	20.8 (20)	20.33 (25)
乙醇	25.3 (20)	20.21 (55)	甲苯	2.385 (20)	2.364 (30)
二硫化碳	2.64 (20)		苯	2.283 (20)	2.274 (25)
甘油	46.5 (20)	42.5 (25)	乙二醇	41.4 (20)	37.7 (25)
甲醇	33.0 (20)		硝基苯	35.6 (20)	34.82 (25)
溴苯	5.45 (20)	5.40 (25)	乙胺	8.7 (0)	6.94 (10)
丙酸			丙酮	21.0 (20)	20.7 (25)
四氯化碳	2.24 (20)	2.228 (25)	氨 (gas)	1.0072 (0)	

（摘自迪安，2003. 兰氏化学手册：第 2 版，［M］. 魏俊发，等译. 北京：科学出版社：5-6.）

参考文献

冯霞，朱莉娜，朱荣娇，2015. 物理化学实验 [M]. 北京：高等教育出版社.

复旦大学，等，2004. 物理化学实验 [M]. 庄继华，等修订.3 版. 北京：高等教育出版社.

廖文利，郭朝中，李忠彬，等，2016. 物理化学实验中运用原理分析的教学模式探索 [J]. 西南师范大学学报（自然科学版），41（3）：202 - 206.

邱金恒，孙尔康，吴强，2010. 物理化学实验 [M]. 北京：高等教育出版社.

沈文霞，王喜章，许波连，2016. 物理化学核心教程 [M].3 版. 北京：科学出版社.

唐林，刘红天，温会玲，2016. 物理化学实验 [M].2 版. 北京：化学工业出版社.

王丽芳，康艳珍，2007. 物理化学实验 [M]. 北京：化学工业出版社.

许炎妹，邵晨，2009. 物理化学实验 [M]. 北京：化学工业出版社.

印永嘉，奚正楷，张树永，等，2007. 物理化学简明教程 [M].4 版. 北京：高等教育出版社.

郑传明，吕桂琴，2015. 物理化学实验 [M].2 版. 北京：北京理工大学出版社.